奋斗的路上，总会遇见幸福

徐劲松◎著

中华工商联合出版社

图书在版编目（CIP）数据

奋斗的路上，总会遇见幸福 / 徐劲松著. —北京：中华工商联合出版社，2019.5

ISBN 978-7-5158-2490-1

Ⅰ. ①奋… Ⅱ. ①徐… Ⅲ. ①成功心理－通俗读物 Ⅳ. ① B848.4-49

中国版本图书馆CIP数据核字（2019）第 064697 号

奋斗的路上，总会遇见幸福

作　　者：徐劲松
策划编辑：胡小英
责任编辑：李　健
封面设计：刘红刚
责任审读：李　征
责任印制：迈致红
出版发行：中华工商联合出版社有限责任公司
印　　刷：三河市九洲财鑫印刷有限公司
版　　次：2019 年 6 月第 1 版
印　　次：2019 年 6 月第 1 次印刷
开　　本：710mm × 1020mm　1/16
字　　数：153 千字
印　　张：14
书　　号：ISBN 978-7-5158-2490-1
定　　价：42.00 元

服务热线：010-58301130
销售热线：010-58302813
地址邮编：北京市西城区西环广场 A 座
19-20 层，100044
http: //www. chgslcbs. cn
E-mail: cicap1202@sina.com（营销中心）
E-mail: gslzbs@sina.com（总编室）

序　言

关于幸福，历来有着各种各样的看法：有人说身体健康是幸福，有人说有一帮志同道合的朋友是幸福，有人说有可观的财富是幸福……

幸福可以说是我们每一个人都想得到的东西，但幸福又不会从天而降。我们如想有所成就，如想生活过得更美好，就要努力奋斗，这是前提。

奋斗，就必然要历经坎坷，必然要接受挫折和逆境的考验，但是奋斗的结果又是我们最为期待的。正所谓“天将降大任于斯人也，必先苦其心志，劳其筋骨，饿其体肤，空乏其身”。要得到幸福，就必须有一个不断和挫折与逆境抗争的过程。这种过程，奋斗过的人才最能体会。

可以毫不夸张地说，奋斗就是幸福之母。有道是一分耕耘一分收获，只要你去奋斗了，去拼搏了，你就会有所收获。

看看那些有大作为的人我们就会发现，他们的成功，他们取得的成就，都是建立在奋斗的基础上的。

开创了电商大业的马云，刚刚创业时也是举步维艰。他最初成立翻译社，一个月的营业额只有200多块钱，可一个月的房租就需要700元。为了使收支平衡，马云背着麻袋去义乌批发袜子做小商贩；后来他做中国黄页，不断对人讲互联网的神奇，可是没有一个人相信；做阿里巴巴时，他曾在北京干过一段时间的政府项目，他的团队在北京待了14个月，团队没有一次出去游玩的记录。

逆境和挫折是奋斗必经的路线，如果没有一往无前的奋斗精神，马云也不可能带着阿里巴巴走到今天。

我虽然没有取得马云那么大的成就，但我之所以走到现在，也是自己坚持不懈奋斗的结果。如果没有当初在裁缝店当学徒，在深圳工厂夜以继日地做工、在米兰艰难的学习和创业时的摸爬滚打，我也不会有今天的成绩。

我不怨恨苦难，反而感谢苦难。因为幸福不仅是奋斗出来的，有时候你奋斗了，也会深刻地体会到，奋斗本身就是一种幸福。

其实，没有奋斗的人生可谓是枯燥的，就像一根火柴受了潮，任你怎么擦也擦不出火星。而经历了奋斗过程就不一样了，我们会感受到生活的充实，感受到生命的精彩，这就是一种充实的幸福。

因此，为了幸福，我们需要全力以赴地去拼搏，需要竭尽全力地去奋斗，只要奋斗，我们就可以翻越一座又一座大山，得到收获，实现梦想。正所谓不经历风雨，何以见彩虹？如果你渴望幸福，那就撸起袖子加油干吧！相信你所追求的幸福，就在不远处等着你！

目 录

第1章 幸福永远藏在奋斗的大门之后

1

幸福不会随便降临到每一个人的头上。要想实现幸福，我们就必须全身心地去奋斗，去拼搏。只要努力地奋斗，我们每一个人都可以翻越艰难，冲破阻拦，成就自己的理想和目标。正所谓“不经历风雨，怎么见彩虹”，推开奋斗背后的那扇门，你会惊喜地发现，幸福原来就悄悄地藏在大门之后。

从来就没有“命运天注定”这件事 / 2
没有谁的幸福是偶然的 / 6
安于现状 = 虚度年华 / 9
不幸福，无非是没有全力以赴 / 13
走出舒适区，创造幸福永远强于等待幸福 / 16
奋斗起来，做个幸福的追梦人 / 20

第2章 人生是设计出来的

23

人生掌握在我们自己手中，要想看到奋斗的结果，获得真正的幸福，在奋斗之前，我们就应该好好地为它设计一番。奋斗的朝向理应是我们计划的目标和梦想，而这个目标和梦想则必须要适合我们自身发展、适合我们自身条件，如果不在此基础上好好下一番功夫、找好方向，那我们的奋斗就必定是盲目的、无价值的。

人的伟大在于有梦想 / 24
与其抱怨现实，不如点亮希望 / 27
奋斗之前，最重要的是找准方向 / 31
知道你的现状，确立你的定位 / 34
检验你走的路是否正确 / 37
做自己最擅长的事 / 40
根据需要设定阶段性的目标 / 43
规划好方向，奋斗不迷茫 / 47
决定的事就要马上行动 / 50

第3章 打开心窗，触摸幸福路

53

奋斗需要好的心态作辅助。因为奋斗的动力绝不是来自外部，而是来自我们内部，来自我们内心的力量。心态积极的人，奋斗也会更有动力，心态消极的人，可能根本就没法奋斗。与其抱怨黑暗，不如点燃蜡烛。要想奋斗，就需要调适好我们的心态，让我们始终走在积极的心态之路上。

要幸福，先要有积极的心态 / 54
没有付出，哪有幸福 / 58
蹚过忧虑那条河 / 61
坦然面对不愉快的日子 / 64
吃点小亏又何妨 / 67
得与失本是人生平常事 / 70
进取心是幸福的起始 / 73
不要害怕变老，要让心态年轻 / 76

第4章 努力到感动自己，奋斗到竭尽全力

79

未来的你会感谢现在拼搏奋斗的你。幸福总是与努力、奋斗相伴相随的。如果我们能够付出比别人多得多的努力，努力到感动自己，奋斗到竭尽全力，那么我们一定会变得比别人更优秀，也会取得比别人更大的成功。真正有成就的人都是会努力把一件事情做到极致的人，因为他们知道，越努力，越幸运，越拼搏，越幸福。

勤奋是幸福的唯一敲门砖 / 80
每天都要努力，每天都要进步 / 83
与时间赛跑，让幸福更近 / 86
人家付出一分，你就付出十分 / 89
起点有差距，幸福无等级 / 92
敢于冒险，幸福自会敲门 / 95
奋斗，让不可能变成可能 / 98

第5章 要有效奋斗，而非无效奋斗

101

要想奋斗有效率，就得为奋斗找方法。同样是奋斗，有的人墨守成规，有的人独辟蹊径，其结果也是不可同日而语的。一般来讲，墨守成规的人都不会有大成就，而能独辟蹊径的人才有大作为。这就是有效奋斗和无效奋斗的区别。对于幸福而言，我们每个人都应该学会有效地奋斗，学会充分地利用自己思维的力量，自我提高、自我超越。

奋斗永远需要思维的辅佐 / 102
奋斗时，脑筋要常转弯 / 105
换一种思维解决问题 / 108
此路不通，还有另外一条 / 111
失败一定有原因，成功一定有方法 / 114
挖掘潜能，你才能获得更多 / 117
奋斗的路上离不开创新 / 120
自我反省，自我提高 / 124

第6章 熬得住苦难，换得来辉煌

127

奋斗的路途从来不会平坦，总是有着太多沟沟坎坎。在挫折和逆境面前，我们都需要有一颗坚毅之心，用行动将困难踩在脚下。熬得住苦难，换得来辉煌。当你一路披荆斩棘收获辉煌时，我相信你一定会感谢自己，也会感谢那些苦难。因为大危大难才能出大能，苦难从另一种角度来说，也是幸福人生的一种变相天赐。

人生一定会经历酸甜苦辣 / 128
放弃了就绝不会幸福 / 132
接受生活中的不公平 / 135
征服压力，改善自己的人生 / 138
绝望的背后是希望 / 140
微笑着面对任何苦难 / 143
吃得苦中苦，方为人上人 / 146
逆境中的坚持是最可贵的品质 / 149

第7章 挺得过孤独，见得到幸福

153

奋斗，有时候无法呼朋引伴，有时候也无法得到别人的助阵，我们只能孤独地走过。可是，即便是孤独又如何呢？即使只剩一个人，我们也要坚定地走下去。孤独，有时只是幸福的一种考验罢了，能够经得住这种考验，挺过孤独，我们或许就能触摸到幸福。当然，前提是你要一如既往地勇敢前行，你要相信自己是卓越的。

有时候，孤独也是一种幸福 / 154
除了你自己，没人能够否定你 / 157
即使只剩你自己，也要坚定地走下去 / 160
最能依靠的是自己，何不对自己狠一些 / 163
坚信自己是卓越的 / 166
战胜自己就等于战胜了一切 / 170

第8章 幸福源自内在的自我丰富

173

人生路上，有的人得到了幸福，有的人却离幸福越来越远。这是因为，幸福有时候并不在于你拥有了多少，而在于你是否有着内在的自我丰富。创造内在的自我丰富，就需要我们让自己成熟起来。当你的眼界开阔了，当你的心胸正直了，当你知道了幸福的本质以后，你的奋斗就离幸福不远了。

只有观世界，才有世界观 / 174
用爱心换福报 / 177
诚信是你最大的资本 / 181
永远保持谦逊的态度 / 184
形象是你的一张名片 / 187
合作方可成就业绩 / 191
你成就了多少人，才有多少人成就你 / 194

第9章 奋斗让我们最终都能与幸福相遇

197

我们渴求幸福，但也须明白幸福是奋斗出来的。幸福的前提就是奋斗，奋斗也是幸福的唯一路径。只要我们奋斗，用正确的方法奋斗，那么我们每一个人最终都能与幸福相遇。只有奋斗的人，才是触摸幸福最真实的人。

奋斗的人永远不会输给现实 / 198
让奋斗成为你的一种习惯 / 201
幸福是上天对奋斗者的恩赐 / 204
走得再远，也不忘初心 / 206
生命在，幸福就在 / 209
奋斗无止境，幸福无止境 / 212

第❶章

幸福永远藏在奋斗的大门之后

幸福不会随便降临到每一个人的头上。要想实现幸福，我们就必须全身心地去奋斗，去拼搏。只要努力地奋斗，我们每一个人都可以翻越艰难，冲破阻拦，成就自己的理想和目标。正所谓“不经历风雨，怎么见彩虹”，推开奋斗背后的那扇门，你会惊喜地发现，幸福原来就悄悄地藏在大门之后。

从来就没有“命运天注定”这件事

在这个社会上，有的人平庸而不知奋进，有的人低下而不知道改变，他们给自己找了一个似乎非常贴切的理由：“一切都是命。”在他们的眼中，人的命运似乎一开始就注定了，富贵者自富贵，低贱者自低贱，幸福者恒幸福，不幸福者也得不到幸福。

我为这样的人感到可悲。

在我看来，那些认为命运天定的人其实是对现实世界产生了逃避。他们也不会去改变，每天都过得浑浑噩噩，不知所以，然后重复着这样的日子，自己给自己画了一个牢笼，从来没有想过笼外的世界有多么宽广，幸福是可以触及的。他们一厢情愿地认为自己过得这样都是老天的安排。

举个例子，如果你看到你的朋友因为拆迁获得了几百万上千万元的补助你会怎么看。我觉得可能很多人都会这样想，“他的命可真好啊。”“我为什么就没生在可以拆迁的地方呢？”

那一刻，大多数人可能都会感到社会的不公。是的，社会是有不公，人和人之间的起点从来都不是一样的。但是，起点不一样，过程不一样，并不代表终点就不一样。

先从我自己的故事说起吧！

我出生在苏北盐城的滨海县，那是一个很贫穷的地方。我记得小的时候，妈妈去给我交学费，几十块钱的学费都交不起，为此妈妈经常流着眼泪哀叹。

初一的时候，因为父母来上海打工，我便跟随父母来到了上海。当时我的成绩非常好，只是因为家里非常穷，以致最后实在是负担不起我的学费。那时，我觉得要想改变家族的命运，就不能再靠这种方式生活，于是我向父母提出了下海做生意的请求。

当时因为家里有做裁缝的基础，我便选择了做裁缝。我的性格是那种特别要强，而且永不服输的人。从15岁开始我就拼命地学习服装的裁剪、缝制等各项技能。在学徒阶段，我数不清被针扎过多少次，加班过多少次。做学徒没有工钱，但我仍然不停地出卖我的劳动力，每天都累得筋疲力尽，收拾好店铺、打扫完卫生时常已经是凌晨了，钻进两平方米不到的裁剪板下那是我一天中最幸福的时刻。每天，我为的只是把汗水砸进上海的天空里，换来一天的伙食，同时换来自己技艺的增长。17岁不到，我在当时上海南汇区新场镇，也就是我上初一的地方开了一家裁缝店！

两年以后，我听说深圳好赚钱，便只身一人来到深圳打工，还是做裁缝，每天工作18个小时。因为工作时间太长，打瞌睡的时候，电动机的针就会扎在手上，大拇指会穿破。有一次清晨六七点的时候，因为赶货，我一不小心让针从大拇指这边穿到了那边，鲜血直流。同事帮我拔针时又因不小心将针弄断了，针断在手指里，同事又用老虎钳将它拔出来。那天晚上，因为舍不得花钱去医院，我就自己去药店买了红药水和创可贴，简单包扎一下后继续干活，因为第二天如果不能按时交货的话，对方不要货我们就得自己承担责任。那种疼是无法用语言描述的。但我总认为：吃得苦中苦，方为人上人。人生一定要经历酸甜苦辣，没有苦哪有甜，所以我坚持了下来！

很幸运的是，无论多么贫穷、多么辛苦，这种境遇从来没有限制住我的想象力。

我不认为命运是天注定的，我走过的一生，都在竭尽全力成就自己，我希望能够自己改变命运。

最终，我做到了。

在深圳打工期间，老板说他在意大利米兰开了几个服装店，问我愿不愿意去那边照顾生意，虽然语言不通、人生地不熟，但我同意了。我在意大利待了四五年，回来后便开了自己的工厂，成立了巴蒂米澜服饰有限公司。从2015年开始，我们专注于做私人定制的服装，然后开始做全国的加盟连锁。两年多来，我们已经跻身全国规模最大、私人定制影响力最大的企业行列之中。

我的努力得到了回报。现在，我不会羡慕那些富二代、官二代，或者是因为拆迁获得了几百万、上千万元补偿款的人，因为我用自己的双手创造了比他们更多的财富，这不是命运的安排，而是命运对我的回报。

我很庆幸那个年轻时的自己没有放弃和命运抗争。条条大路通罗马，虽然有人一开始就出生在罗马，但没有关系，道路且长，我终究还是到了罗马。

所以，不要相信所谓的“命运天定”。如果你认为一切都是命中注定的，认为现实的一切都不可超越，那么你不会有所作为。人生永远是由我们自己来掌握的，命运无非只是弱者的说辞罢了。而强者，一定会冲出现实的枷锁，找到自己的蓝天。

没有谁的幸福是偶然的

我们总是羡慕那些功成名就的人，却总是忽视了他们背后的辛酸。

如果只看表面，有很多人可能会想，有的人运气真好啊，一出手就挣了那么多的财富，赢得了那么多的荣誉。但是，他们的幸福和财富真是运气眷顾、偶然所得吗？

不是的。

幸福是因结出的果，没有谁的幸福是偶然的，只是奋斗的必然。

曾经在奥林匹克残运会田径男子跳远B2级项目上，超水平发挥，以3厘米之差战胜对手、获得金牌的黄文涛，他站在领奖台上时，收获了无数鲜花和掌声。

但是，在这3厘米的背后，有着更多鲜为人知的故事。这才是值得我们探讨的部分。

黄文涛生下来就双目失明，从小就被送进盲校，离开了父母的怀抱，他早早地学会了自己照顾自己。

后来，黄文涛加入盲童学校的田径队，开始了自己的体育生涯，主攻短跑和跳远。

残疾人练体育，可想而知他们会经受比正常人困难得多的过程。黄文涛也一样，他不知付出了多少汗水和鲜血。他当时用的还是极为落后的助跑器，踏脚板是用一根极细长的铁钉支撑着的。

有一次训练，他踏脚板上的铁钉斜了出来。这要是正常人一下子就看出来了。但是黄文涛是盲人，什么也看不见，他一脚踏了上去，很快一股钻心的疼痛便从脚底传来，他一下子晕了过去。后来他才知道，那根铁钉穿过了他的鞋底，从他的脚掌穿了出来，又穿透了鞋面。

这是一种何等的痛苦。但是黄文涛没有退缩，伤好以后他继续投入训练。就算是“盲人摸象”，他也不厌其烦地一遍遍练习。因为眼盲，他记不清自己有多少次因为碰撞而流血。

我也被铁钉穿扎过，但我不敢拿自己和黄文涛相比。我想说的是，幸福都藏在一滴滴的汗水和血水之后。在高高的领奖台和大量的财富后面，是汗水和血水的累加。

这个世界，付出和回报是成正比的。那些看似偶然的事件，背后都蕴藏着巨大的艰辛。例如黄文涛，我们能说他获得金牌仅仅是因为超水平发挥吗？没有平日的苦练，哪有当时的荣耀？那些在商海中抓住机会，一击而中的人，仅仅是因为命运的垂青吗？如果不是平日的艰苦磨炼和学习，他们又如何能有独到的眼光呢？

偶然是小概率的事件，不可能发生在我们每个人身上。虽然每一个人都梦想自己拥有幸运，但绝不是每个人都能配得上那份幸运。对于幸福的人生，幸运往往只是锦上添花，绝不可能是雪中送炭。

看看李嘉诚，现在的华人世界几乎都知道他的名字。但是李嘉诚也不是天生的富家公子，他1939年到香港讨生活时，做过茶楼服务员，做过卖货的推销员和柜员。在无比艰苦的环境中，他努力提升自己，不知经历了多少常人难以忍受的艰辛才走到了今天。

李嘉诚曾经说过："栽种思想，成就行为；栽种行为，成就习惯；栽种习惯，成就性格；栽种性格，成就命运。"对于命运，这个世界亘古不变的真理就是，要想获得丰厚的回报，别无他途，唯有以巨大的成本付出为前提，你才能触摸到幸福的彼岸。

人生其实是一场永无止境的奔跑，你不停歇，才能谱出人生最美的乐章。能够得到终极幸福的人绝不是因为他们有着幸运，而是因为他们从来没有放弃过努力。能够一直成功的人也不是因为他们有过辉煌，而是因为他们一直在充实自己，顽强奋斗，命运才给了他们"幸福"这一必然的结局。

安于现状 = 虚度年华

要想获取幸福，就一定要摒弃安于现状的思想。道理很简单，安于现状永远不会有所进步，只有不安于现状，才能真正让自己获得提升。

我认为，安于现状是一种非常消极且可怕的行为。尤其是对现在的一些年轻人来说，安于现状更是一种“重症”。这样的人即便有一些富于创造力的想法浮现于脑海，最终也会被安于现状的思想禁锢，变得没有激情，没有成功，与幸福无缘。

人最重要的是要保持激情，而只有不安于现状才能持续获得激情，才能追求新的高度、新的目标，用最大的努力去追求自己能力范围之外的东西。

当然，很现实的情况是，现代社会又是一个随处能看见差距的时代。和成功的人相比，我们可能会觉得自己贫穷、落后，我们也往往会问自己：“我为什么会这样？”你为什么会这样？是因为你比别人的智商低吗？可是看看那些过得好的人，他们的智商也不见得比你的更高。其实说到底，问题的关键还是在于他们不安于现状，他们懂得去争取比现在更好的生活，而你不是，你躺在现状的旋涡里，让自己白白虚度了年华。

我见过很多因为安于现状而导致人生失败的人。

我在开裁缝店时，曾有一位客户，他2000年时大学毕业，进了一家电信公司。当时，电信公司的工作岗位是能让很多人艳羡的。

他自己也很满意，认为工作安安稳稳，薪资也高。就是这样的心态，他在公司里一待就是5年。他没有危机感，没有进取心，总是想着就这样待着挺好。

然而，到了2007年时，事情发生了变化。他所在的公司宣布裁员，很不幸的是，他名列其中。

他想在公司里安安稳稳过一辈子的想法被击碎了，不得不重新去找工作。然而，这时他才发现，这七年里他几乎没有学到新的东西。大学里学的那些知识也早被他忘得一干二净了。

他联系了很多以前的同学，猛然间发现，那些原来不如他的人竟然都过得比他好。

好在他做了一番深刻的反思。他认识到，那些原来所在单位不好的同学，他们之所以比自己幸福，比自己过得好，主要在于他们“不安于现状”，他们积极地寻求打破现状的方法，而这种思想才让他们得到了更好的发展。

他觉醒了，意识到自己不能再这样混下去了。

2008年，他创办了一家小公司，在进取心的驱使下，他凭借自己的努力逐渐将小公司打理得蒸蒸日上，一年也能有几百万元的利润。

安于现状等于虚度年华。而虚度年华的人是不会受欢迎的。我们身边那些被裁员的、被解雇的人员，很大程度上就是因为他们有一种安于现状的思想，他们不思进取，当形势出现变化时，他们也不能很好地适应。

安于现状在短时间来看是很舒服，但从长远来看绝不是一件让人舒服的事。

著名的温水煮青蛙实验，相信很多人都知道。一只青蛙被冷不丁地扔在沸水中时，它能奋起一跃逃脱沸水的伤害。然而如果将它放在舒适的温水中时，它只会在里面欢快地游泳，即便是将水慢慢加热，它也不知自己“大祸临头”，依然优哉游哉地游着。等它意识到水温的热度使它经受不住想要逃离时，它已没有了当初跃出沸水的劲头，欲跳乏力，结果葬身在热水里。安于现状的青蛙最终为自己的行为付出了生命的代价！

从某种意义上来说，安于现状就是我们获取幸福的绊脚石。因为他的现状也可能像青蛙所在的温水，会在不知不觉中发生着变化。

所以，当你还在抱怨外界环境变化让自己无所适从时，你就应该想想：“我的双脚是否抬得太慢，我的思想是否有些迟缓，我有没有突破现状的勇气和愿望？”

我的成功也来源于我的不安于现状。我的人生有几个节点，每一点都可以看作是不安于现状的诠释。

第一个节点：我随父母来到上海，看到父母无力供养我继续读书时，我选择下海学做裁缝，希望用自己的手艺改变家庭的命运。

第二个节点：我17岁时开了第一家裁缝店，但收入有限，供养一个大家庭还是有困难，于是我选择了去深圳打工。

第三个节点：在深圳的服装厂工作时，我并未想着一辈子就做一个打工仔，在听说老板需要人打理意大利的服装厂时，虽然我不懂外语，但我还是毅然地选择了前往。

第四个节点：在意大利待了几年，我并没有继续待在那过较为舒适的生活，为了追求更好的发展，我回国办起了自己的服饰公司。

我的公司在基本业务形态上都能走在同行的前列。

这便是不安于现状给我带来的积极成果。总的来说，21世纪是一个突飞猛进、竞争激烈的时代。在这个时代，如果墨守成规、安于现状，只依靠过去的成功经验，你必然会失去机会，失去竞争能力，从而失去让自己更幸福的可能性。只有不安于现状，勇于突破自我，塑造自我，让自我更健全，更有应对力和竞争力，你才能完成你人生的大业。

不幸福，无非是没有全力以赴

有很多人感叹自己落魄潦倒，不尽如己意。但是感叹之后还是一如既往，他们没有任何行动上的改变，然后到了和他人比较的时候，又再次这样感叹一番，再次一如既往，周而复始，一直庸庸碌碌。

我们真的就一直不幸福吗?

当然不是。

我认识一个外企高管，只能用“全力以赴”四个字来形容她的经历。

小时候她家里贫穷之至，但她的脾气很倔强。

她拼命读书，却常常吃不饱穿不暖。有一次她丢了十元钱，从来不掉眼泪的她却哭得稀里哗啦，恨不得把课桌都撕得粉碎。虽然十元钱在很多人眼里不算什么，但于她而言，那却是一个星期的生活费。所以她哭，疯狂地哭，我想，那是穷过的人才体会得到的滋味。

进入大学以后，她背上了沉重的助学贷款。为此，她拼命做兼职，不管什么脏活累活都做。有次接派传单的活，她一个人硬生生地将一百斤的传单背到公交站，花了一天时间全部派发完成。

后来，她工作了，她的手机永远是发烫的。她没有节假日，所有的时间都用来对接客户。她对工作又有着常人难以企及的严苛，一个数据出现了失误，她就会用一个晚上的时间找出问题的根源。

哪怕只有一分的胜算，她也愿意付出一百分的努力。最终，这种全力以赴成就了她，她改变了自己的命运。

不妨再给大家讲一个故事。

美国的橄榄球员邓普西出生时只有半只左脚和一只畸形的右手。但他没有因为自己的残疾而不安，而是通过自己的努力，通过千百遍夜以继日的练习，做到了很多正常人都难以做到的事。

年纪大一些时，邓普西开始学习橄榄球。尽管教练告诉他，说他不具备做职业橄榄球员的条件，但他也不放弃，相反却自信满满。于是好心的教练收了他，结果他在一次友谊赛中就踢出了55码远的高分。这使他获得了圣徒队的正式合约。之后，邓普西不断成长，在那个赛季，他为球队争得了99分。

命运注定要给邓普西最伟大的时刻。那天，球场上来了六万多名观众，球在45码线上，比赛还剩几分钟。这时，教练让邓普西进场了。

这时，邓普西知道他的球队距离得分有55码远，这是一般橄榄球员难以踢出的距离。邓普西屏住呼吸，大力一脚踢在球上。全场球迷都屏住了呼吸。最终邓普西成功获得了3分，他的球队最终以19比17获得本场比赛的胜利。这是踢得最远的球，没人能够相信那是一个只有半只脚和一只畸形手的球员踢出来的。

这两个案例都可以告诉我们，只要全力以赴，我们就可以获得更多。永远不要消极地认为自己无法获得幸福，只要认为自己能，然后去尝试，再尝试，最后你会惊喜地发现原来自己真的可以做到。

我们可以成为幸福的人，这适用于我们每一个人。事实上，当我们全力以赴时，不管结果怎样，我们都是幸福的人。因为全力以赴带来的个人满足，能使我们都成为最终的赢家。

日本实业家稻盛和夫说："付出不亚于任何人的努力。"全力以赴，唯有全力以赴，你才能触摸幸福。要想获得更多，为自己的人生加分，全力以赴是唯一的途径。贪图安逸将会使人堕落，萎靡不振将会令人退化，只有全力以赴才是最高尚的，才能给人带来真正的幸福和乐趣，所以我们必须养成全力以赴的习惯，积极行动起来，让自己的生活质量得到提高，让自己的人生价值得到更完美的体现。

走出舒适区，创造幸福永远强于等待幸福

舒适区让人觉得比较舒服，懒得动弹，然而如果我们一味地躺在舒适区，我们的领域就不可能得到拓宽，只能在有限的范围、有限的区域里生活，更大的幸福变成可望而不可即的彼岸。

有心理学家将人的心理状态由里到外分为舒适区、学习区、恐慌区三个区域。

我认为，要想获得更大的幸福，我们就不能躺在舒适区，而是要迈进学习区。

虽然走出舒适区会让人产生一段时间的焦虑，但随着时间的推移，我们的焦虑会逐渐降低，学习的内容增加了，更多的幸福感也会随之而来。

当我们学习到更多的东西以后，学习区就会慢慢变成舒适区，而恐慌区也会随之变成学习区，如此渐渐变化，最终我们的舒适区越来越大，幸福感自然也会越来越强。

这个道理很简单。例如冬天的早上，如果是上班或自习，大部分人

都不愿意起床，起床似乎是一件要用到洪荒之力的事情。这时，被窝就是我们的舒适区，被窝外是非舒适区，但是如果我们只知道躺在被窝里的话，学习和工作就不能正常进行。然而，一旦我们能够逃离被窝这个舒适区，让我们有更多的时间学习和工作，这样转化来的成果才会让我们获得更大的幸福感，而这种幸福感绝不是一个被窝所能替代的。

新东方董事长俞敏洪原来在北大当了七年老师，在这期间，他的生活可以说是非常安逸的。他教专业英语，一个星期只需要教四个小时的课就够了。如果星期一他就上完了四个小时的课程，那剩下的六天他就可以自由支配。另外，学校还有两个月的暑假和一个月的寒假可休。除了这些，他如果继续待在北大，还可以做教授。

但是俞敏洪并不愿意待在这样的舒适区里，他出来了。他知道人是要进步的，如果长久地待在舒适区里，人就不愿意动了，一个人的人生也就在舒适区里定了型。

一开始，俞敏洪想出国，但是没出成。后来别人招了学生，让他去上课，他才开始接触英语培训，并且一头钻了进去，慢慢就做到了今天的规模。

我敢肯定，他现在的幸福感会更强一些。

这就是走出舒适区，自己创造幸福的结果。

2017年有一部很火的电视剧，叫《我的前半生》。戏中的女主角罗子君可以说也是一个被迫走出舒适区自己创造幸福的例子。

罗子君做了十年家庭主妇，在这十年中，她除了操持家务和取悦老公外什么都没有学到，她也觉得自己除此以外什么都不会。家庭，是她的舒适区。

然而，家庭的变故使她再也不能安稳地待在舒适区中。她要出来找工作。但一开始，她还是被过去的锦衣玉食所束缚。例如去超市上班穿了高跟鞋，屡次面试被拒绝就不想再找工作等。

好在她后来意识到："人的一生中，总有那么些时候是要走出舒适区的。"这个想法让她坚强，在无数次的打击之后，她真的站了起来，靠自己的力量闯出了一片新天地。

我们都应该走出舒适区，用自己的双手去创造幸福。幸福不是等来的，只有自己用心行动，才能更快地俘获它。

只有走出舒适区你才会变得更加有效率，它会鞭策你完成更多的事情，找到更聪明的处世方法，当你处理新的或是意想不到的事情时，你也会觉得更加容易。

走出舒适区，还可以让你对新的方式和旧有的方式做出反思，并激发你学习更多的东西，挑战旧的习惯，而学习又让你整体上有一个自我的完善。

你可以给自己定一个任务，例如一周之内要学习多少知识盲区里的东西，或者是按时作息，不再拖延。只要给自己定了任务，就不要中途放弃，不要给自己找推辞的理由。如果总是这样，你就不可能迈出舒适区。当然，走出舒适区很难，这需要我们一点一点地来，只要你坚持，你就一定可以。

也许有的人会说，我在舒适区不好吗，就像卖油翁一样，成为自己这个领域的能手就好了。如果是过去，这当然可以，但现在是一个日新月异的时代，如果不学习，我们随时都可能落伍，变得再没有用武之地。

所以，我们需要走出舒适区。强者都是懂得给自己找不适的人，只有弱者才会给自己找舒适。苦其心志、劳其筋骨、主动奋斗才是获得幸福的正确途径。

奋斗起来，做个幸福的追梦人

梦想并不遥远，只有追求才不会让自己遗憾。幸福不会从天而降，只有追求才能让你得到幸福的眷顾。

无论如何，我们都要对幸福孜孜以求。

习近平总书记说："幸福都是奋斗出来的。"这就给我们指明了一条获得幸福的道路，那就是奋斗。如果你期望幸福，你就应当很热烈、坚毅地向着幸福迈进，用奋斗的方式，直到实现它为止。这样慢慢地，你的精神就会集中在幸福之上，并且从中生出大量的创造力量，去帮助你实现幸福。

奋斗起来，虽然它未必能够让你立刻就有所收获，或者得到某种物质上的安慰，但它能够充实你的生活，让你获得无限的乐趣。实际上，奋斗本身就是一种幸福。只要理想在路上，初心在路上，奋斗在路上，我们的幸福就在路上。

美国的石油大亨哈默精力充沛，生意做得很大。有的人认为他是交了好运，但哈默从不承认这一点，他只知道，自己的一切都是通过努力工作获得的，“每周工作七天，每天十四五个小时”。

哈默每个月难得在家待几天，他更多的时间是在坐在飞机上四处奔忙，几天就可能绕地球一圈，足迹遍布整个世界。教育家雅可比曾这样评价他：“我从没有见到过一位像他那样热情奔放、视野开阔的人。他对商业良机有特别灵敏的嗅觉，但更重要的还在于他当机立断，勤奋工作。”

哈默的哲学是，看准了的事情就要不知疲倦地投入，从不拖沓。而这种习惯也为他带来了一次又一次的成功。他似乎从不满足，不断地为自己设定新的更高目标，向自己挑战。当他58岁准备退休时，却突然开始涉足石油业。他81岁时，开始鼓吹“人生始于八十一”。他成功了，西方石油公司就是他事业的丰碑。

伟大的成绩和辛勤的劳动是成正比的，有一分劳动就有一分收获，日积月累，奇迹就会创造出来。

要知道，无论你在做什么事情，如果你不奋斗，就绝不会有所进步。奋斗时，你要全神贯注，竭尽所有的精力和脑力去完成它，务必要让你的能力每天都有显著的进步。因为我们每天所从事的工作都能很好地训练和发展我们的才能。一个人如果能以这样的决心奋斗下去，那他收获的幸福是难以想象的。

幸福的背后，是意志坚决、不辞劳苦这些奋斗的因子。

20世纪20年代，美国有一个穷困潦倒的青年带着新婚妻子来到旧金山谋生。他们先是一在家面包店的隔壁租下一角，开了一家只卖汽水的冷饮摊。结果没多久因为全球经济衰退，他们的摊位就被迫关门。

不过他们并没有放弃，他们又选择在一个十字路口支起摊位。青年发现这里来往的人很多，不管做什么生意，位置都不错。

有一天，他发现面包店的生意突然好了起来，受此启发，他回家与妻子商议，决定开一家快餐店。他们发挥自己的创意，将自己的小店打造得别具一格又迎合年轻人好奇的心理。

当然，更重要的是他们的奋斗精神。他和妻子齐心合力经营，他的妻子亲自训练厨师，他一有空就到外面勘察地点，准备增设分店。

这时候，全球的经济衰退还在持续，豪华餐厅一家接一家倒闭，而像年轻人这样大众化的小吃店却受到人们的广泛欢迎。仅仅5年后，青年经营的小吃店就开到了7家。

此后，又经过近30年的努力奋斗，他拥有了大小餐馆近千家，员工3万多人，年营业额达到4亿美元。而这位青年，就是世界知名的梅瑞特公司的创办人约翰·梅瑞特。

从这个故事中我们也可以看出，奋斗是幸福的必需。一个人，当发现奋斗有了结果，感受到了奋斗带来的幸福感以后，就会爆发出强大的动力，在幸福目标的指引下，自己又能更加努力地去为人生拼搏。

这是一个幸福的正循环。你真正要做的只是：奋斗起来，让自己成为幸福的追梦人。

第❷章

人生
是设计出来的

人生掌握在我们自己手中，要想看到奋斗的结果，获得真正的幸福，在奋斗之前，我们就应该好好地为它设计一番。奋斗的朝向理应是我们计划的目标和梦想，而这个目标和梦想则必须要适合我们自身发展、适合我们自身条件，如果不在此基础上好好下一番功夫、找好方向，那我们的奋斗就必定是盲目的、无价值的。

人的伟大在于有梦想

马丁·路德·金在一次演讲中说：“人因梦想而伟大，因筑梦而踏实。”这是至理。正是梦想，让很多人能够走在奋斗的路上，并且最终让自己得到成功、收获幸福。

在我的人生旅途中，我按照自己的人生路径，曾经设计过好几次梦想。当我初下海时，我的梦想只是为了给家人更好的生活。当这个梦想实现以后，我又要求自己能够拥有更大的房子和更好的车子。再到后来，我的梦想变为给中国人更好的穿着体验，为更多的人定制更好的服装。

这些梦想后来都变成了现实。它们成为我迈向成功、通往幸福的动力。

其实，我们的梦想，都会在我们的日常举止中表现出来。因为有了梦想，我们才有了强大的生命力。一个人看起来是在事业上取得了成功，但如果换一个角度，也可以看作是他将梦想付诸了实践而已。我就是这样做的。

记得小米创始人雷军说过“人因梦想而伟大”。看雷军的经历，就是对这句话最好的注解。

雷军18岁时，无意中在图书馆看到一本叫《硅谷之火》的书，其中有一篇是讲乔布斯的。雷军感叹于乔布斯的伟大，心情久久不能平静。那天，他围着学校的操场走了一圈又一圈，这样走了一个通宵，他的梦想由此发芽。他要像乔布斯一样，在中国这片土地上办一家世界一流的公司。

40岁时，雷军成了一个在别人眼中功成名就的人，但他的梦想并未实现。40岁，要为梦想而创业吗？雷军一遍一遍地拷问自己。最后他觉得，这个梦想值得激励他去赌一把，因为只有这样，他的人生才会圆满。雷军认为，这样至少等他老了，他可以自豪地说：“我曾经有过梦想，我曾经去试过。”

这便是小米的由来。

因为梦想，雷军走在了奋斗的路上。还有很多人，走在和他一样的路上。

这是梦想的催化。梦想可以激发我们的创造能力，驱使我们去从事自己期望的事情，它也是我们身体和心灵的常备补药，能够很好地增强我们的能力。

当然，只是拥有梦想，还不代表我们一定能得到成功，获得幸福。

它还必须有两个前提，梦想必须是合理的愿望；其次，你必须下定决心努力去实现你的梦想。

所谓合理的愿望，并不是说的那些荒诞的、超乎想象的妄想，而是一些可以实现的理想。梦想，说到底就是对我们未来的“实际”做出构想的草图，它一定要建立在你的客观事实的基础之上。好高骛远必是贬义词，只有切合实际才是幸福的正道。

再者，就是行动起来，为梦想而奋斗。真正的幸福得来不易，它必须要你付出艰辛。有志向的人，不管面对什么样的困难也不会退缩，不管受到多大的打击，也不会放弃自己的努力。坚持梦想，就要无惧困难和挫折。振作精神，发奋苦干，唯有这样，才能早日实现自己的梦想。

现实生活中，我们可以看见很多人有目标、有理想，我称他们也是有梦想的人。但是，在实现梦想的过程中，因为过程过于困难，他们倦怠了，泄气了，结果半途而废。到后来，他们或许才会发现，如果自己再坚持那么一下的话，或许他们就成功了。

试想，我如果扛不过一天十八小时的工作，受不了针扎入指的疼痛，我能有今天的成就吗？不可能的。

所以，我们都应该给自己定一个合理的梦想，然后着力去实现它。

梦想是幸福的源泉，失去它，幸福其实也就趋于枯萎了。

与其抱怨现实，不如点亮希望

抱怨大概是我们最常见的人类活动了。我们周遭有着太多抱怨现实的人：父母抱怨孩子们不听话，孩子们抱怨父母不理解自己；工作失意时抱怨这份工作太苦太累，下级抱怨上级安排得不好，上级抱怨下级不听令而行。

为什么要抱怨呢，抱怨之后我们又能怎样？结果还是在原地打转，没有一点改变。平庸的人才会抱怨，奋斗的人则会说：“我也许没什么才能，但我能够拼命干活，为更好的未来奋斗。”这就是希望，这也是二者的差距，抱怨的人不知道造成他们不幸福的原因正是他们自己，他们不肯拼尽全力，所以全部的力量不能集中起来，不能让自己走在幸福的大路上。

有句话说得好：“与其抱怨现实，不如点亮希望。”成功，或者说幸福的动力在于希望，有了希望才会有追求，而追求的过程才是生命中最美丽的。少一些抱怨，为自己点亮希望才是人生的至理。你要坚定不移地相信，逆境或挫折不会太久，光明一定在前方。

我是个很少抱怨的人，在不如意的情况下，我也会想要学得更多，获得更多，并且相信自己能行，这就是我的希望。

拿我做裁缝学徒的事来说吧。我刚学裁缝时16岁。当时拜师，第一年师父不教，要帮师父打杂，第二年师父会教一些东西，第三年要回报师恩，我认为三年的时间太长，有机会我就偷偷地看师父裁衣服，没过多久，师父的手艺我几乎都学会了。我师父脾气不好，经常打骂我，我也没有过任何怨言。

后来，师兄介绍给我一本书，那本书的内容很好，我就经常看。不久被师父发现，他骂我，让我这辈子都不要在他那学做衣服了。

在这种情况下，我要做衣服的愿望反而更强烈了。回去以后，我就专心致志地看书，遇到不懂的就向别人请教。这样第二年我就在镇上开了一家裁缝店。

我觉得，人生可以没有很多东西，但是唯独不能没有的就是希望。丧失了希望，那我们就丧失了奋斗的动力。希望是人生的支柱，也是幸福照进我们心田的第一缕曙光。

美国作家欧·亨利的《最后一片叶子》中讲了这么一个故事：

病房里，有一个生命垂危的病人躺在床上，看见窗外一棵树上的树叶在秋风的吹拂下一片片地掉落下来。看着树叶，病人联想到自己每况愈下的身体，万念俱灰，她心想：“如果哪天树叶掉光了，我就要死了。”

一位老画家知道后，就偷偷用彩笔画了一片青翠的树叶挂在那棵树上。就这样，树上始终有一片叶子没有掉下来。这给了病人莫大的动力，她的心态也从消极转为了积极，她想："既然树叶都有那么强的生命力，那我为什么不能呢？"于是，病人奇迹般地活了下来。

这就是希望的力量。试想一下，如果病人只是整天的抱怨，抱怨命运不公，抱怨病痛折磨的话，她能撑到奇迹出现的那一刻吗？

很多人就是因为对治疗疾病抱有希望，所以才会忍住病痛，坚持到痊愈的那一天。不仅是治病，万事万物皆是一理，只要心中有希望，只要好好地坚持，就会有收获。而一旦希望之火熄灭了，你就再不会得到什么。

从前有一老一小爷孙俩都是靠说书弹三弦为生的盲人。有一天，老者感觉生命将尽，临终前对小孙子说："我这里有个秘方，它可以让你重见光明。我把它藏在了琴里，但你必须记住，你只有在弹断第1000根弦时才能把它取出来。否则，你就看不见光明。"

小孙子遵照老者的遗言，一天又一天，一年又一年地弹着琴。终于，他弹断了1000根弦，但他也从少年变成了一位老者。这时，他按捺不住心中的喜悦，打开琴盒，取出了秘方。

然而，别人告诉他，这张秘方上什么都没有，只是一张白纸。

他听了，泪水滴落在白纸上，笑了。

他笑，是因为懂得了爷爷的用意。世间其实没什么秘方，爷爷给他的，无非是生的希望，这就是希望之光。希望让他度过了漫漫无边的黑暗和无尽无涯的苦难，正是因为有这个希望撑着，他才能够弹断1000根琴弦。

希望，能够照亮我们晦暗的心灵；希望，有一种神奇的力量，让我们无所畏惧。

从某种意义上来说，希望就是治愈抱怨的良方。所以，无论是谁，都不要一味地抱怨，而是应该放手，勇敢地去追寻希望。

奋斗之前，最重要的是找准方向

有句老话说得好："选择比努力更重要。"

如果我们想要获得成功，感受成功后的幸福，就一定要找准方向。这个方向需要适合我们自己的情况。

我们经常看到很多人在一个行业或一份工作中做得非常成功，但要他们去做别的行业或别的工作时，他们就无法做出同样的成就。原因就在于，他们成功的行业或工作才是适合他们自身情况的。

所以，在奋斗之前，找准方向至关重要。

小的时候，祖父教我玩过一个纸龙游戏。祖父用白纸给我糊了一条腹腔中空的长龙，然后抓来几只蝗虫放进去，结果蝗虫都死在里面了。祖父对我说："蝗虫性子太急，它们在里面只知道挣扎，从来没想到用嘴巴去咬破长龙，也不知道往前爬就可以到达另一个出口。即使它有铁钳般的嘴壳和锯齿样的大腿，也无济于事。"

当祖父再往长龙里放进几只青虫时，青虫却能从长龙的另一端陆续爬出来。

这个游戏让我领悟到，命运其实一直藏在我们的思想里，很多人之所以走不出人生的某个阶段，就是因为他们没有将阴影咬破，或者是没有耐心地为自己找准一个方向，一步步向前，直到眼前出现新的洞天。

这也激励着我在人生旅途中不断地为自己寻找新的适合自己的方向。原来刚下海时，家人给了我两个选择：一个是去学开车，以后做个司机；另一个是去学做衣服，以后做个裁缝。当时，我没有任何开车的经验，而学裁缝就不一样了，我姐姐是做裁缝的，我妈妈也是做裁缝的，加上我也有一些做衣服的底子，所以我果断地选择了做裁缝。

从那以后，在裁缝之路上我就一发不可收拾，从学徒做起，到自己创办公司。我想这都得益于我找准了方向。如果只是学开车，我想我不可能取得今天的成就。

所以在人生的旅途上，一定要准确选择自己的方向。选择本身就是一个机会，只有选择正确才能做出大成绩。

我有一个朋友，他出生在医学世家，上学时他非常热衷于医道。他的父亲也对他的表现很满意，常在人前说他："看，我家又多了一个优秀的医生。"

但是成年以后，他对行医失去了兴趣，转而梦想成为律师。这让他的父亲很不理解，但他却非常执着，他对父亲说："我真的很想成为律师。虽然我不知道将来会是什么样子，我只清楚我现在该怎么做。"

毕业以后，他进了法学协会，刻苦钻研法律，几年后进入了律师界。可生活却无法保障，他只能节衣缩食，紧张度日。

那三年，他几乎都是靠家里的支援才挺过来的。他的父亲劝他回头，他也不愿意。

三年后，他开始崭露头角。因为他在办理小案子时表现出众，人又守信用，一些客户开始把大案子也交给他。同时，他办案的成功率也较高。多年后，他终于成长为一名声名显赫的知名律师。

幸福的感觉来源于长途跋涉的过程。过程是美丽的，人只有在经历的过程中，才会享受到乐趣和激情。而在这个过程开始之前，我们都要找到一个最适合的方向。你可以长时间卖力工作，创意十足，聪明睿智，才华横溢，甚至好运连连，可是，如果你无法在创造过程中了解自己的方向是什么，那么一切都是徒劳无功的。

条条大路通罗马。你必须谨慎审视自身，拷问自己的内心，找出你通往罗马的最正确的路线，这样你才能更快更直接地到达罗马。

知道你的现状，确立你的定位

人的一生是自我塑造的一生。而这个自我塑造的起点就是从你的定位开始的。所谓定位，就是我们想要成为一个什么样的人。

有很多时候，我们将自己定位成什么样的人，我们就真的能成为什么样的人。这个定位非常重要。现实生活中，有很多人没有成功，或者是失业，或者是找不到工作，或者是没有找到对口的工作，或者是赚不到钱。究其原因，很重要的一点就是没有定位好自己。

如果一个人能够很好地定位自己，那我认为他就找到了一个好的方向，如果再为这个方向矢志不渝地奋斗的话，我相信终究会出人头地的。例如，我的定位从我下海那一刻就做好了，我就是一个裁缝，这一辈子就做裁缝，把裁缝做到极致，我这样时时在脑海里给自己加深印象，然后拼命地奋斗，最终我成功了。

所以说，定位必不可少。但是定位并不是简单的想象，它必须定位于实际，也要有难度，定位中的自己不是现在的你，而是未来的你。

曾有一位乞丐站在纽约的地铁口卖铅笔，某天有一位商人正好从这个地铁口路过。商人看见了乞丐，投了几枚硬币在他的乞讨盒里，但是忘了取铅笔。没走多远，商人忽然想起，又原路返回，在乞丐处取了一支铅笔，并对乞丐说：“对不起，我忘拿铅笔了，毕竟你我都是商人。”

几年后，商人参加一场商业酒会。没想到，在这场酒会中，商人又遇了原来那名乞丐，现在他已经是一名成功的企业家了，并且礼貌地向商人表达了感谢。那名乞丐对商人说：“这一切都源于您当初的一句话‘你我都是商人’。”

在这之前，乞丐仅仅是把自己看成是一名乞丐，因此他只能坐在地铁口卖铅笔，而商人告诉他：“你我都是商人。”当他把自己定位成一名“商人”时，一切就都改变了，他有了成功的动力，并且矢志不渝地朝着“商人”的目标行动。

在遇见商人之前，乞丐只是把自己定位为乞丐，所以他一事无成，不思进取。但经过商人的点拨，他将自己定位成一名商人，结果他的人生得以改变。

定位也是有技巧的。首先，定位是对未来的想象，绝不是现在的你，你要把自己想象成某一领域的成功者。这是定位最基本的含义。

其次，定位还需要根据你的现状来确定，这包含三个方面的内容：

第一，明白自己的价值点。你要看得清自己的优势，你有什么技能？你的价值是多少？你的价值除了你本身的存在价值外，还包括你在这个行业中和社会中能创造出的相关价值。通过对自己的分析，深入了解自己，给自己打分，根据自己的经验来推断自己未来可能的工作方向，彻底解决“我能成为什么人”的问题。

第二，定位要尊重客观事实。有的人在工作中总觉得自己没到领导的位置就是大材小用。其实，每个公司都有自己的晋升机制，也有给员工个人发展的空间。如果你长时间仍然没有得到自己想要的职位，你就要思考一下，为什么会这样？是否将目标定得太高了？自我定位要从自己的实际情况出发，如果想要一步登天，结果只会摔得更痛。

第三，定位要找好立足点。这个社会中总有适合自己的行业，适合自己发展的地方。在进行选择之前，你就要认真思考，自己适不适合在这个行业里，适不适合这样发展。一个人要走自己的路，本身没有错，关键是怎样走。走自己的路，让别人说，也没有错，关键是走的路是否正确。

一旦有了定位，你就要打起精神，不断地勉励自己、训练自己、控制自己，只要有坚定的意志、永不回头的决心，不断地向前迈进，做任何事情都有成功的希望。

检验你走的路是否正确

我们每一个人都在追求幸福，但很少有人会这样问自己：我现在做的事情让我幸福吗？我走的路是否正确？

某次，有一位专报的记者在街边采访一位叫贾飞的年轻人，记者就“年轻人对待工作、生活存在什么看法”这一议题向贾飞提出了采访请求。

采访一开始，贾飞似乎认为记者打扰了他的工作而显得颇为不耐烦，但他还是停下来接受了记者的询问。

记者先是问了贾飞一些日常的问题。然后突然转换话题问道：“先生，我想知道您为什么要从事这份工作呢？”他不假思索地说：“废话，我当然是为了赚钱啊。”记者又问：“那您为什么要赚钱呢？”他回答：“这不还是为了吃饭嘛。”接着记者再问他：“那您为什么要吃饭呢？”贾飞生气了，他说：“你这问的什么话，要吃饭当然是为了活下去啊。”记者追问：“那您为什么要生活呢？”他愣了，半天才说道：“这……这……这当然是为了干活啊。”

从贾飞的对话中我们就可以看出，他从来没想过他现在从事的职业，他选择的道路于他的人生而言是否正确，也没想过这件事是否让他快乐。他只是循规蹈矩地在工作，并没有好好的规划过自己的人生。

检验自己走的路是否正确，我这里有几个方法，这对我们大到人生方向的选择，小到琐事的处理，都是有意义的。

首先，看一看自己在做的事情是在赋予你能量，还是在消耗你的能量。我有一个朋友，他曾经对我说：“我只做那些能够赋予我能量的事情。”他是个纪录片从业者。我经常看到他在录制纪录片之后，总是能量爆棚。所以，如果你正在从事的行业让你觉得比做其他事更快乐，并且在进行的大部分时间里都能感到开心，而且你有想法持续地为它努力时，我想，你做的就是符合你心理期望的、正确的事情，不然，你就要反问一下自己了。

其次，看一看自己是否选择了自己在意的事情。不要说你对任何事情都没有热情，每个人都有自己喜欢的事情，这样说的人只是你们自己还没有发现而已。当你面临选择时，例如做什么工作，选什么专业，在哪儿工作等，你应该选择那个让你在意，让你更兴奋的一个。当你经常这样做时，在人生的下一个路口，你也会自然而然地选择自己更在意的事情。然后有一天，你会发现，原来我做着让自己热血沸腾的事，我是多么幸福。

再次，看一看自己是不是在最佳领域工作。所谓的最佳领域，就是你热爱的、擅长的，又有社会价值的工作。

这些检验的方法要实践起来并不容易，我们需要经常回头审视，也需要积累更多的经验来评判。但不管怎么样，它对我们的幸福是有益的。千万不要让自己像一个无头苍蝇一样，整天忙忙碌碌，却又整天牢骚满腹，不知道自己努力的动因何在，不知道幸福的光亮何在。

做自己最擅长的事

很多人从事的职业，或者说所做的事情并不是自己最擅长的，所以他们在奋斗的过程中总是感觉不到幸福，这样的人是应该立即变换方向的，尤其是年轻人。

什么是自己最擅长的事？就是自己内心里真正想要的，做起来有激情的，感兴趣的，这样的事情做起来不仅学得快，而且幸福感也会在做的过程中时时流露出来。

这是一个快速发展的时代，但也是一个相对浮躁的时代，因此我们的内心也变得浮躁了，而这种浮躁的内心恰恰就使我们感觉在这个时代无所适从。有很多人找不到自己擅长的事情，就是这种浮躁之心在作祟。而当我们被环境裹挟进了一个自己不喜欢的职业时，我们就会感觉工作是枯燥无味的，于是我们开始天天抱怨，幸福感也永远被尘土覆盖。

但是，如果有幸我们发现了自己擅长的事情，并为之奋斗时，那就不一样了。

有一个男孩，多年前，他渴望成为一名歌剧演员，他的父母也很支持他，花钱让他上了很多与歌剧相关的课程。但是经过几年的练习，他的老师对他能成为职业歌剧演员不抱有任何希望，老师对男孩的父母说：“他的声音不好，听起来就像是风在吹百叶窗。”

在这种情况下，男孩的父母并没有气馁，他们一如既往地支持他。不久，他们将男孩送到更有名气的老师那里学习。因为做着喜欢的事情，男孩的专业成长越来越好，他长大后成了那个时代最伟大的男高音歌唱家，他就是卡罗素。

问一问自己有什么才能，你的才能就是你的天职，它能引导你去做相关的职业。如果一个人不能将自己的位置摆正，总是在用自己的短处在工作的话，他是感觉不到幸福的，工作也不会有任何成果，而且还会在永久的卑微和失意中沉沦。反之，如果选择自己的长处来工作，我们的潜能才能得以有效地发挥。

给大家一个建议，选择自己要进入的领域时，不要只考虑怎样赚到更多的钱、怎样成名，你应该选择的是那些能够让你全力以赴的工作，应该选择那些能让你发挥无限潜能的工作。

我有一个朋友，她每天只需工作四五个小时，而一年的收入却能达到三十万。在别的上班族匆匆挤地铁上班时，她却刚刚起床；在别人狼吞虎咽地吃早餐时，她则是慢条斯理地咀嚼。她的家庭也很和睦，孩子的成绩也很优秀，根本用不着她费心。

就这样，她每天都是快乐的，这不是她的运气好，而是她做了自己擅长的事情。

其实她刚走上工作岗位时并不是这样。大学毕业后，她进了一家还不错的事业单位，福利很好，也容易晋升。但她进去之后发现自己并不喜欢这里，于是果断地选择了放弃，进而考取了研究生。

研究生毕业后，她有很多同学选择了出国。她也拿到了一所美国大学的奖学金。但是，她发现自己并不喜欢这样，于是再次放弃。当时很多人不理解，但是她知道，她擅长的事情是写文章，例如在大学里教书或者写作，而出国对她来讲并没有什么意义。

最终，她听从了自己内心的声音，做了自己擅长的事情。因为喜欢，她做事时总是全力以赴，而且乐此不疲。就这样，她很快就成了优秀教师，同时，她也凭借一手好文笔赚取了不菲的稿酬。

在这个世界上，幸福的主要来源之一就是做自己擅长的事情，做了自己擅长的事情就意味着真正的生活。

因此，我们做出选择时一定要慎重。要记住，你所有的岁月最终都会过去的，只有做出正确的选择，你才配说你已经度过了这些岁月。

根据需要设定阶段性的目标

在生活和工作中，我们总是习惯性地设定目标。但是，设定目标之后，如果只是将目标高高挂起，每天只在心中默默念诵“我要达到目标”，这样的人往往不会有太大的成就。

通常来讲，我们需要一个较为远大但又切合实际的目标。但是，这个目标的达成不是一蹴而就的，这时，我们就需要将目标分解，设定自己阶段性的目标，以达成最终目标。

我遇到过很多人，他们不知道分解目标的方法。虽然他们心中有一张清晰的目标地图，但是因为达成目标有太长的路要走，他们渐渐就变得望而生畏，最后懈怠了下来，目标成了永远的空中楼阁。

我的目标也是分解出来的，我刚刚走上社会时想的就是能够打工，最起码是能够解决自己的温饱问题。在我小的时候，即便是吃一顿肉，想要实现的可能性都不大。只有等到有亲戚上门时，父母才会上街买回一点肉，这种情况一年也就一两回。

工作之后，我想的就是赚更多的钱，买一台车，让自己的生活质量提升一些。基于这样的原因我来到了深圳。来到深圳之后我又为了挣钱而到国外学习深造，回国以后想的就是创业。这时我已经有了技术和财富上的资本，开始考虑为自己、为社会创造更多的价值。这才有了我今天的公司。

梦想很重要，目标的分解也很重要。

1968年，舒乐博士立志要在加利福尼亚州建一座水晶大教堂，他向著名的设计师菲利普表达了自己的想法，他称这座教堂不应只是一座教堂，更应是一座人间的伊甸园。

菲利普听后，问他："你有多少预算？"

舒乐博士说："事实上，我一分钱也没有。我希望这座教堂能够吸引捐助者。"

菲利普很惊诧，但还是和舒乐博士一起，将教堂的预算定在了700万美元。这对舒乐博士来说可谓是一个天文数字。

但是舒乐博士没有泄气，他将700万美元分解开来，列出如下清单：

1.找1笔700万美元的捐款；

2.找7笔100万美元的捐款；

3.找14笔50万美元的捐款；

……

9.找700笔1万美元的捐款；

10.将教堂的1万扇窗户的署名权售卖，每扇700美元。

700万美元的目标就这样被舒乐博士巧妙地分解了。经过一年多的努力，他成功地筹集到了建造教堂的所有款项，筹得的捐款竟高达2000万美元。

在一开始，似乎任何人都会认为舒乐博士建造教堂是一个可望而不可即的目标，但在分解目标以后，就成了一个又一个可以实现的小目标。即使在实现目标的过程中受了挫折，也可能因为看见这些小目标的实现还有希望而持续努力。这就是分解目标的魔力。

俄国的大文豪托尔斯泰说过：“人要有生活的目标，一辈子的目标，一个阶段的目标，一年的目标，一个月的目标，一个星期的目标，一天的目标，一个小时的目标，还得为大目标牺牲小目标。”

目标分解其实就是一个量化目标的过程。好比扎马步，如果我们现在的水平只能坚持5分钟，而我们的目标是坚持60分钟。如果在第一次练习时就朝这个目标使力，我们无论如何也不可能完成。但是，如果将目标进行分解，先从3分钟练起，然后每天给自己增加30秒，这样的话，实现起来就容易多了，我们目标的最后实现也就在情理之中了。

那些看起来千里之外的目标，在我们这种有意识地分解之下会变得更加简单。这在成功学中有一个专门的代名词，叫作“剥洋葱法”。成功是阶梯性的，目标的实现也是阶梯性的。目标的实现其实就是一个剥洋葱的过程，需要我们一层一层地剥离。我们可以将大目标分解成不同的小目标，再将这些小目标再分解成若干个不同的更小的目标。总之，以我们短时间内能够接近、能够达成为原则。这样，上一个目标就会成为下一个目标的前提，而下一个目标又会升华成上一个目标的结果，如此层层递进，让我们始终在前进，始终在攀登。

成功不是一步登天的事，我们需要一个长远的目标来为自己指引方向，但长远的目标都是需要时间的，我们不能为此而让自己的信心受挫。毕竟，我们更容易接受的是短期的、具体的东西。要想逼近成功，我们就需要在维持长远目标不变的情况下，对目标进行分解，这是我们必须要做的一个过程，任何人都不能例外。

规划好方向，奋斗不迷茫

“谁的青春不迷茫”，这是近年来经常见诸报端和被人们挂在嘴边的一句话。

迷茫，我认为只是我们还没有给自己找到一个好的方向而已，或者是因为忙碌而忘了为自己规划方向。

有一则寓言故事。

两只陌生的蜗牛在某个路口相遇了。它们彼此用触角碰了碰对方以示问候，然后又各自向前方爬去。

爬了一截以后，两只蜗牛同时想：“对方这么急着朝我来过的路爬去，是不是那路上有什么宝贝而我没有发现呢？”这样想着，两只蜗牛又各自折返了回来。

在同样的路口，它们再次相遇，再次互致问候，再次向前爬去。就这样，爬了一圈，它们又回到了原来的起点。

我们中的很多人也像这两只蜗牛一样，或许是因为忙，或许是因为懒，从来没有想过自己真正的方向，或者迷失了自己的方向。

命运是掌握在我们自己手中的，因此一定要规划好方向，让奋斗不再迷茫。不然，我们就只能在迷茫中度过，还不知所以。

对自己的未来进行设计的过程，就是我们规划方向的过程。可以说，我们每个人都有梦想，但很少人有具体的人生目标，这便是幸福总是钟情于少数人的原因之一。

我们应该将梦想转化成为一个个具体的目标，这样，才有走向成功和卓越的基础。

这就好比跳高，光是想着跳得更高没有用，你还需要给自己设定一个高度目标，这样你才能跳出好的成绩。规划好的方向，不只是一个理想，也是一种约束。

看看那些成功者，哪一个不对自己的去向一清二楚？他们知道自己要去哪里，并且能够艰苦奋斗、主动推进。

人是有一个“自我动机确立系统”的。当我们规划好了方向以后，这个系统就会“监视”我们与方向有关的信息，并对意识下的行为进行纠正，同时下达为实现目标所需要的“决定”。如果方向不明确，这个系统本身就是含混的，当然也不能正常地运作。

环顾周遭，其实真正的天才和白痴只是少数，你我的智力和那些所谓的成功者相差无几。造成我们人生境遇不同的，无非就是有没有为自己规划好方向而已。

更具体一点，规划好方向有几个要点。一是这个方向如果能用数字来量化的话，就一定要用数字来量化。例如前面说的跳高，最好是列出在什么时间达到什么高度这样具体的目标。如果一个方向确实不能用数字来量化，而要用某种形态的话，那这种形态也一定要指标化。不要以为我们常说的“找个好工作”“嫁个有钱人”“尽最大努力做好事情”就是方向，这只是你的想法，而不是经过规划的方向。规划是一个过程，你必须慎重地对待它。

决定的事就要马上行动

如果制订了一个可行性的计划，或是有了一个前行的目标，就要马上进行，要让自己习惯“立即行动”，而不是将这个计划束之高阁，永远停留在空想的阶段。

有一个非常虔诚的修士。一天，他不小心跌入水流湍急的河中。不会游泳的修士丝毫不着急，他相信上帝一定会来拯救他。

刚开始，河边有人经过，如果他喊一声救命，是肯定会获救的。但他认为上帝会救他，所以没喊。

水流越来越急，当河水将他冲到河中心时，正好他的前方有一根浮木。如果他努力一下，就能够抓住浮木，逃离危险。但他固执地认为上帝会来救他，所以他没有抓取浮木。

结果，修士被淹死了。

死后，愤愤不平的修士质问上帝：“我这么虔诚地信教，你为什么不救我？”

上帝奇怪地说：“我还奇怪呢，我给了你两次机会，你为什么一次也没有抓住？”

落水的修士，其目标当然是上岸。但要通过怎样的方式上岸呢？该行动的他不加以行动，而正因为没有行动，他最终丧失了性命。

不要认为修士的行为可笑，其实修士也是我们很多人的写照。想一想，你是不是有很多次只想着上岸，只想着逃离当下的处境，你甚至有了一些计划，可你真的做过什么呢？

在这个世界上，生存本身就意味着你是需要奋斗的、需要进取的。要行动起来，在行动中去展示你的才华，去追求你的幸福。行动起来，你会因为完成了工作而渐渐地建立起自信。有了自信，你不但能够得到物质的回馈，还能获得社会的肯定。不能不说这是一种良性循环。这种良性循环又成了向幸福迈进的润滑剂，你会顺利地走上更重要的岗位。

现在回想起来我的两次“出走”，也是几乎没有任何的犹豫。一次是从上海到深圳，一次是从深圳到意大利。尤其是从上海到深圳那次，我只身一人揣着700元钱去的，到了深圳后花了三天时间找到工作。找到工作时我身上只剩下200元钱。这200元钱还是在公园里睡了三个晚上节省出来的。

我说这些不是说我有多艰辛，而是说我有立即行动的决心。我是听说深圳能挣钱才过来的，虽然身上的钱不多，但我还是没有一丝犹豫地来了深圳。如果我只是想而不去做，或许今天我还是上海街头的一个小裁缝，顶多是在当地有些口碑罢了。

所以，如果有所计划，就要立即行动。立即行动，就是不给自己留退路。在想到做什么或者是接受了指令以后，就要有意识地打消“以后还有机会”“时间还比较充裕”的念头。不拖延，立即行动，你才能保持一种高度的热情和斗志，真正把事情做成。

有一个人去请教禅师，对禅师说：“我想学禅，我应该从哪里学起呢？”

禅师用木棍在地上画一根线，告诉他说：“从这里。”

那人大惑不解，问禅师：“这里是哪里？”

禅师说：“这里就是此人、此地、此时。”

美国著名的时间效率专家兰肯曾经说过：“所有的任务都是可能完成的，没有特别可怕之处。你要关注的仅仅是开始做起来。因为你开始得越早，就越可能获得先机和继续行动的动力。而这样做的话，它也会带领你走向成功。”

英国某饮料集团的创始人尤拉·霍尔也说：“我在开始创业的时候，从来不会想这些事情是否让我害怕，我首先想的就是赶快开始，赶快把自己的想法变成行动。我总是迫不及待，这使我最终获得了我想要的一切。”

不管你想做什么，只要心中有所想，就要立即有所动。关于事情的难度等都不要去考虑。你需要的只是奋斗，若不然，那些你所谓的想象的“难度”必然会消磨你的意志，最终让你成不了事。与其过多地抱怨、害怕，还不如把这些时间用在积极的行动上。

“立即行动”是成功者的口头禅，你也应该如此。

第❸章

打开心窗，触摸幸福路

奋斗需要好的心态作辅助。因为奋斗的动力绝不是来自外部，而是来自我们内部，来自我们内心的力量。心态积极的人，奋斗也会更有动力，心态消极的人，可能根本就没法奋斗。与其抱怨黑暗，不如点燃蜡烛。要想奋斗，就需要调适好我们的心态，让我们始终走在积极的心态之路上。

要幸福，先要有积极的心态

有句话叫：“我们怎样对待生活，生活就会怎样对待我们。”

心态与幸福有着自然的正相关关系。心态越积极，幸福感也会越强，心态越消极，就越可能感受不到幸福。

然而，社会的浮躁，贫富差距的现实使得很多人总想在短时间内让自己登上人生的巅峰。例如这些年来流行一时的电视选秀节目，让很多人看到了一夜成名的希望，于是蜂拥而至，然而大多数人失望而归。流行的微博、微信，也因为可以宣泄自己的抱怨情绪，而找到了让人关注的感觉；网络游戏能让人在虚拟世界中变得功成名就，所以大家趋之若鹜。

这样的心态能获得幸福吗？

所以我觉得，只有用积极的心态看待自己和他人，我们才能获得幸福。心态，指的是个体对某一对象所持有的评价和行为倾向，由认知、情感和意向三个因素组成。心理学上公认的十种积极心态是：执着、挑战、热情、奉献、激情、愉快、爱心、自豪、渴望和信赖。与之对应的是十种消极心态：畏惧、愤怒、冷漠、紧张、忧虑、敌意、嫉妒、贪婪、自私和麻木。

20世纪中期，美洲一个贫困的乡村里住着兄弟二人。

有一天，他们实在是受不了了，决心出去闯一闯。但是在途中，他们乘坐的大船出了意外，兄弟俩各自抓住木筏逃生。虽然都捡了一条性命，可兄弟俩却从此失去了联系。

哥哥经过一段时间的跋涉来到了旧金山。而弟弟则在海上漂泊了许久，最后来到了菲律宾。

三十年以后，兄弟俩相逢了。当时，哥哥在旧金山做着洗碗的苦工，而弟弟在菲律宾却拥有了自己的橡胶园、银行，成了一名成功的实业家。为什么兄弟俩的境遇有着天壤之别？

哥哥说："我是黑人，刚来旧金山时没有特别的技术和才能，只能给白人洗衣做饭。总之，白人不愿意做的工作，我就会做。虽然生活没有问题，但我从来没想过我会成功。"

说完，哥哥看着弟弟，认为他过得这么好，一定是运气比自己好。

而弟弟则说："我也没有好运气，刚到菲律宾时，一开始我也是做一些打杂的工作。但很快我就发现，当地人比较懒散，于是我就接了他们放弃的事业，再慢慢收购，生意也就越做越大。"

哥哥听了，若有所思。

对比兄弟俩三十年的人生历程，我们发现，左右他们事业的其实是心态。不同的心态决定了他们不同的人生际遇。那些有消极心态的人会错过很多机会，而有着积极心态的人则会发现机会、改变现状、创造成功。

亨利·福特说："积极的心态是我最伟大、最重要的资产。"事实上也正是那种积极的心态让他制造出第一辆汽车。

毫无疑问，你需要努力去攫取积极的心态，并且尽全力铲除消极的心态，先处理心情，再处理事情，这样你才有可能成就大事业、获得幸福。

我们可以用这样几个方法来清除自己的消极心态。

第一，多和乐观者在一起。如有可能的话，多和乐观的人一起出行、共进午餐，倾听他们的想法，感受他们的阳光心态，让自己渐渐向他们靠拢。

第二，改变你消极的习惯用语。如不说"我累坏了"，而说"忙了一天，现在心情真轻松"；不说"他们怎么不想想办法？"而说"我知道我应该怎么办"。如果是团队的工作，不要喋喋不休地抱怨，而是试着去肯定团队中的人，不说"这件事为什么偏偏找上了我"，而说"这应该是对我的一种考验"。

第三，在你的工作和生活中，经常拜访或利用社交工具联系你的朋友，向他们展示你的信心，并且试着将这种信心传达给他们。

要知道，心态是你自己能够完全掌控的东西，练习控制你的心态，并且利用积极的行动来督导它。如果现在你还没觉得快乐，你就必须先对自己的思想来一次彻底的改造，做到胜不骄、败不馁，保持平常心。

没有付出，哪有幸福

那些在我们眼中站在高处的人，都有一个共同的秉性，不论面对多大的打击，多么痛彻心扉的困难，他们都会付出努力。他们知道，有所付出，就会有所收获，幸福既在付出的尽头，也在付出的过程中。

在这个世界上，没有人能够随随便便成功，每一项成果都需要付出艰辛。不劳而获是不能让我们感到真正的快乐的，快乐永远来自付出和收获。

我刚创业时，在顺德租了一个门面，一个月仅租金就要几千块。顺德做服装的门面又非常多，当时我就想，我的店要怎么才能走在别人前头？根据我在国外和深圳工作的经验，我觉得上门服务是最好的选择。于是我招了一个做业务的朋友，每天都出去跑。哪怕是40度的酷暑，我们也每天拎着包大街小巷地跑。如果遇上需要定制衣服的客户，我们就会将他的尺寸量下来，晚上回来后就加紧制作。

就这样白天跑业务，晚上做衣服，一年下来没有一天间断，每天都要跑上几十公里。后来，有人觉得我们做得不错，就帮忙介绍，慢慢地，我的业务量上来了，就又招了几个业务员。生意也慢慢做到了现在七八千万的规模。

在跑业务的过程中，我从来没有觉得辛苦。说实话，这是心甘情愿的付出。尤其是在看到有人下订单时，不管流了多少汗水，身体有多劳累，看着收获在一天天地增加，那种幸福感真的是油然升腾在心头。

我认为，人生的意义其实就在于劳动，生命的价值也只有通过奋斗才能体现出来。付出才会有收获，那些不畏困难、辛勤工作的人，生活也会给他们最大的回报，让他们超越平庸，获得幸福的报酬。

曾经看过一篇题为《你凭什么上北大》的文章。

文章的主人公曾经在班级里学习成绩很差，但她当时却并没有要努力向上的意识。当时，班里有一种风气，就是那些学习成绩差的同学总会嘲讽那些成绩好的，仿佛那些成绩好的同学没什么了不起，自己如果努力也能像他们那样。换句话说，就是那些成绩好的学生之所以名次靠前，是这些成绩差的学生将名次让给他们的。

但是一次班会上，班主任说了这么一句话："你们是懦弱，你们不敢尝试，你们自己努力不如人家，不仅不觉得丢人还自以为是，真的是可悲啊。"

她被震撼了，她心中想着要看看自己努力付出后会有个什么结果。

从那以后，她开始强迫自己学习，每天她都给自己规定要做到多少题目，看懂多少知识点，每天她也都能感受到泪水和疲惫，有几次她都感觉自己快坚持不住了，但她还是咬着牙坚持了下来。

最后的结果显而易见，她考上了北大，通过努力付出，她实现了自己的理想。

只要我们付出过、努力过，多少都会有收获，这是亘古不变的法则。我们不要只看到别人的成功，还应看到别人比我们付出的多得多的努力和劳作。这种付出是会成就一个人的。有一句话讲："要想不辛苦一辈子，就要辛苦一阵子。"这个辛苦的一阵子也许是一年，也许是三到五年，也许更长，但是无论怎样，如果它会让你进步，让你的人生变得有价值，那它就是值得的。付出是一件好事，千万不要因为难、累，就丢弃了它。

有的时候我们之所以感觉难、累，其实是我们的心理承受力太差了。你需要的是振作起来，保持斗志，用执着和热情克服困难。挺起胸膛去面对。记住要从第一步起逐渐开始，试着循序渐进地克服困难，把整体分成数个小部分，按轻重缓急一步一步去实行，慢慢就会减少心中的畏惧感。

人生最美丽的时光就在我们前行的路上。你要懂得，那些你认为不好的事情，你都要给自己腾出一些迂回的空间，学会调整。

蹚过忧虑那条河

忧虑是我们常有的一种心态。但忧虑的危害有多大可能很多人都不知道。忧虑是一种悲观的心理，这种心理可以破坏欢乐，可以毁掉幸福感。人在忧虑时会表现出焦虑、恐惧和不满等一系列消极情绪，忧虑也会让人不能准确地判断主观和客观事实。

没有人会因为忧虑获得好处，也没有人会因为忧虑就改变了自己的境遇。甚至可悲的是，因为忧虑，一些天才却做着极其平庸的工作。

既然忧虑有着这么多危害，那我们就一定要想办法克服它。其实在很多情况下，我们所忧虑的事情最后并不会真的发生，或者是没有我们想象的那么严重和可怕，也许想想办法或是变换一下环境，你所忧虑的事情就没有那么可怕了。

有一个女人，她总是很焦虑。她住在市郊，每个星期都要搭乘公共汽车去市中心买东西。但在买东西的时候她总是担心丈夫在家时疏于看管孩子，孩子乱跑出了危险。这样一想，她就冷汗直冒。买完东西回家时，她都会第一时间冲进家门，看看是不是一切安好。

她的丈夫因为受不了她的脾气和她离了婚。

她的第二任丈夫是一个律师，一个能对事事加以分析，从来不会忧虑的人。为了让她消除忧虑，她的丈夫会事事给她分析，对她说："想一想，你担心的是什么呢？让我们看一看事情发生的概率，看看它是不是有可能发生。"

有一次，夫妻二人去度假，遇上下雨天，路面湿滑，她一直担心他们的车会滑进沟里。她的丈夫说："我现在开得很慢，不会有事的。即使滑进沟里，以我的速度我们也不会受伤的。"每一次，丈夫的这种镇定都会让她平静下来。

久而久之，她慢慢地走出了焦虑的阴影，整个人变得乐观开朗起来。

事实也是如此，不要总是去担心自己会怎样。对于未来，你没有预见力，你之所以忧虑，是因为你不知道改变。稍微改变一下，你的忧虑就会消失。如果必须调整，你就要有意识地进行改变，思考一下你对忧虑的认识和理解。总之，一定不要为忧虑所困，忧虑是幸福的大敌。

有一个办法可以让你征服忧虑，那就是让自己忙碌起来，没有时间去忧虑，应用这个办法最好的例子是丘吉尔。

在第二次世界大战最紧张的时期，丘吉尔每天都要工作18个小时以上。有人曾问他："你肩负那么重的责任，你不忧虑吗？"丘吉尔回答道：“我太忙了，没有时间忧虑。”

我承认，我们每个人都不可能完全摆脱忧虑。在面对未知的前方时，多多少少都会有些担心。但是你要知道，只有那些能够蹚过忧虑那条河的人，才会取得非凡的成就。

还有一些摆脱忧虑的办法也可以值得一试：

专注于今天。你要明白你是生活在当下的，为明天担心没有用，只要用心地过好每一天，就是对自己最大的奖赏。

不断提醒自己。不断告诫自己忧虑的后果有多么严重，为了自己的幸福，为了自己的健康，你也不能忧虑。

用自我暗示的方法。常常问一下自己：“如果我不能解决困难，可能发生的最坏情况是什么？”“我已经做好了接受最坏情况的准备了吗？”

让忧虑有个限度。要不断地提醒自己，过去的已经过去，忧虑该到此为止了。

坦然面对不愉快的日子

假如你遇上了让你沮丧的事，那我希望你能记住美国策划专家乔治·凯的一句话："用快乐来打扫你抑郁的心情吧！"

成大事者不会让自己一直活在不愉快的阴影里，他们会坦然地面对一切困苦逆境，笑对人生，这种积极快乐、热爱生活的态度，反过来也会使他们的人生充满生机与阳光。

当然，没有人能从世俗的烦恼中完全解脱出来，我们所要做的，就是端正心态，妥当地去应付这些不愉快。

贝多芬在两耳失聪以后没有消极沉沦，而是创作出了他一生中最伟大的乐章：《英雄交响曲》《命运交响曲》《田园交响曲》；席勒被病魔缠身15年，但他没有被击倒，反而写就了名著《阴谋与爱情》；弥尔顿双目失明，穷困潦倒之时也谱出了最有浪漫主义风格的《失乐园》。

现在有很多人，遇到经济不景气只会唉声叹气，可日本的经营大师松下幸之助却说：“不景气正是赚钱的大好时机。”对于一家企业来讲，遇到经济不景气时慌张失措注定要失败，反过来，把不景气看成是好时机，下决心培养能取得更大发展的力量才是正道。

企业如此，做人亦如此。实际上，大部分的不如意、大部分的逆境和困难，都孕育着希望的种子，只要你能坦然面对，你就可能在这种坦然中看到它们赋予你的机会。即使没有机会，只是一些平常的琐事，坦然也会比你自怨自艾要好得多。

我觉得，面对不如意时，有三点你是一定要予以避免的：一、对事情过分追求完美，总是吹毛求疵；二、遇事时爱抱个人成见，感情用事；三、自悲自怜，走到哪儿都觉得自己是个受害者。

如果你是一个过分追求完美的人，你就容易被事情伤害，因为你求全责备的态度无形中给你和别人的生活增加了很多无法忍受的负担。一个真正的奋斗者会给自己制定一个明确的目标并为之努力。奋斗者只是严格要求自己，希望自己日趋完善，而不是事事立竿见影，他能从工作中得到满足。一项工作结束了，他会马上抛弃这里的一切，把注意力转移到其他事情上去。反之，那些过分追求完美的人却希望事事立竿见影，一些小事情也爱钻牛角尖，一点点差错就让他耿耿于怀，他似乎永远满足不了自己，结果造成恶性循环，无法自拔。

想象一下这样的画面：

假日里，一个钓鱼者一大早就出了家门，到了傍晚虽然只拎着空荡荡的鱼篓，一路上却洒下欢声笑语；

早出晚归的农民傍晚归家时虽然脸上写满疲惫，但落日余晖映照下的却是他们朝霞一样的笑容；

分手的恋人，虽然眼里有着忧伤，心里有着无奈，但他们还是会潇洒地挥手，互道珍重。

你是不是会感叹：坦然真好。我也曾经经受过很多磨难，也曾哭过痛过，可现在当我回过头去看时，我总是很庆幸自己没有沉沦在那个不愉快的旋涡里，我坦然地面对了它们，一直在用积极的心态在迎接未来。

是的，如果你能学会放下成见，坦然地面对一切不如意和困难，你的不愉快也就会随之消失，取而代之的则是一个全新的你。

吃点小亏又何妨

有句老话讲：“吃亏是福。”可是很多人不理解，在生活和工作中总是不肯吃亏，结果可能有了一时的快意，但终究自己并没有得到什么；又或者是因为不肯吃亏，让自己遭受更大的伤害，让自己陷入了更不利的境地。

而那些吃得眼前亏的人可能就不一样了。

韩信的例子应该很多人都知道。韩信未发迹时，乡里恶少欺凌他，要韩信从自己的胯下爬过去，不爬就要揍他。韩信二话不说就爬了。如果不爬，他就可能会面临一顿拳打脚踢，甚至有生命之虞。这样一看，又哪有他后来的统兵百万、驰骋天下呢？

韩信吃亏，保住了自己的有用之躯，这才让自己有了用武之地的时候。我们能不说他“吃亏是福”吗？

在生活中，我们有很多人因为不肯吃亏，和别人关系搞得很僵，甚至反目成仇。反过来，如果忍让一步，结果可能好于前者，还难道不是“吃亏是福”吗？

曾经有人问李泽楷：“你父亲教了你一些怎样的赚钱之道？”李泽楷说：“我父亲什么赚钱的方法也没教我，他只教了我一些做人的道理。他说，和别人合作，如果我拿七分合理，那我拿六分就行了。”

李嘉诚真是深得“吃亏是福”之道。表面上看他是吃了亏，少拿了一分，但他却可以争取到更多的人和他合作。试想一下，虽然他只拿了六分，但如果多了一百个合作的人，他能拿来多少个六分呢？假如他拿八分，一百个合作的人最后变成五个，那他是亏是赚呢？

所以我们要学会吃亏，“好汉要吃眼前亏”，好汉吃亏的目的是用牺牲掉的眼前的利益来为自己换取更大的利益，或是为了生存、为了更长远的目标。如果因为不能吃眼前亏而蒙受了巨大的损失和灾难，甚至搭上了性命，那还有什么未来和理想可言呢？

从心态上来看，如果你总是不愿吃亏，或者是老想着占别人的便宜，也会把自己弄得很狼狈。因为你就算占尽了便宜，也会认为自己还在吃亏，心中也就会积存不满和愤怒，这对你的事业和工作是很不利的。再者，捞别人的利益绝不会有什么出息，因为你的眼光总是集中在那些蝇头小利上，这样肯定也会影响你的眼界，让你缺乏向远处、高处看的意识和能力，如此一来，你又有多大机会得到幸福呢？

吃亏，从某种角度来看，也是一种化被动为主动的过程。遇到争端，可以选择“大事化小，小事化了”的原则。毕竟，每个人在生活和工作中都可能会遇到不如意的事情，这时选择忍让，不惹事端，多考虑别人的感受，也有助于和别人日后的沟通和交流。

学会吃亏，还要学会主动吃亏。主动吃亏，是指主动地去争取吃亏的机会，在工作中可以体现为主动去做别人不愿意做、不肯做，或者是很困难、薪酬少的事情，你主动争取这类事情来做，别人就会对你另眼相看，一份情记在了相应人的心上。日后无论升迁或创业，别人都有可能帮助到你。

有一个开食品工厂的企业家，有一次他从工厂的化验报告单上发现，他们生产的食品配方中有不符合标准的添加剂。虽然这个添加剂的危害不大，但长期食用仍会对人体造成不良影响。

他考虑之后，毅然把这件事向社会公布了，并请求大家不要购买公司的这批产品。

事情公开之后，他承受了很大的压力。一方面，公司的产品销量锐减，另一方面同行业也联合起来向他反扑，他的公司一下子面临倒闭的危险。在这种局面下，他苦苦支撑了4年。

4年之后，当地政府站了出来，力挺他和他的公司。后来，他的产品又成了人们放心满意的热门货，他的公司也慢慢恢复了元气，规模比之前还有所扩大。

这位企业家无疑是聪明的，因为他从吃亏中学到了智慧。

学会吃亏，还要让别人也占到便宜。例如前面我们提到的李嘉诚，让别人尽量多得一点，但最后自己才是得到更多的一方。一个人总怕便宜了别人，处处算计，最后才真的会便宜了别人。因此不妨放开心胸，给别人一点甜头，这对自己将来的发展一定是有好处的。

得与失本是人生平常事

要想有幸福感，就需要我们用平常心来对待人生的得与失。我们在生活中总免不了有得与失的交换，得时不骄傲，失时不气馁，才是正确的处世之道。如果我们在得到时高高在上，在失去时伤心欲绝，幸福绝不会加诸我们头上。

想一想，如果你是一个患得患失、斤斤计较的人，那你必定是个心胸狭窄的人，只专注于眼前，而放弃了为自己做长远的打算。俗话说：“心有多大就能成就多大的事业。”要想成大事、有所为，必须放开胸怀。不计较得失，小事糊涂，大事清楚。无关紧要的事不必斤斤计较，原则问题则寸步不让，这才是真正的为人处世之道。

印度伟人甘地曾经新买了一双鞋，却在乘火车时不小心把一只鞋子掉到了铁轨旁，此时火车已开动，正当众人都不约而同替他惋惜的时候，甘地毫不犹豫地把穿在脚上的另一只鞋脱下来扔下了火车。同行的人很费解，问甘地为什么这样做，甘地认真地说：“一双鞋剩下一只已经没有用了，但如果有人捡到一双，就不会浪费这双鞋子了呀。”

如果换作别人，也许会抱着剩下的一只鞋惋惜不已，但甘地的举动告诉我们，既然自己已经有所失，那还不如成全别人，他的选择对他来说是一种放弃，而对于别人来说却是一种价值。人生有得必有失，也拥有很多选择的机会，鱼与熊掌不可兼得，与其万般纠结，执着于某件事和物，痛苦万分，不如心下坦然，成全别人，这何尝不是另一种得到呢？

英国的柯林斯上校在督导巴拿马运河的工作时，从不计较外界的评判。别人批评时，他在专心工作，别人赞扬时，他也在专心工作，他只知道用工程的顺利进行来回应那些对他有质疑的人。

后来巴拿马运河顺利竣工，铺天盖地的赞扬袭来，但他仍不为所动，集中精力在运河的维护上。庆功大会开始时，人们原本想向他当面道贺，却发现他不知道在什么时候已经离开了。

聪明的人是不会计较自己的得失的。实际上，人生就是在不断地得与失中循环进行的。得到和失去实在是太平常了，今天得到了这个，明天就可能失去那个。

名利荣辱也一样，不要太看重它了。如果对名利荣辱动心，就可能让我们全力地去追求它们，最终为它们所害。得亦平常，失亦平常，这样的道埋一定要懂得，而这也是区分人生境界高下的一个基本元素。

有的时候，我回顾自己的经历，也觉得得与失没什么大不了的。因为家境贫寒，我早早地就辍了学，这断了我的大学梦，但也因为这我开始了裁缝的学习，并且在这条路上越走越远，这难道不是失去中也有得到吗？

为了避免掉入患得患失的境地，我在这里告诉大家几个原则：

1.在追求地位、财富时，千万不要在不知不觉中将这些当作自己的终极目标。

2.要避免认为现在所做的事是为了个人利益。

3.要去除对某些人持有的偏见。

4.在乎周围的人所作所为的同时，也要了解自己所求的事物。

5.追求效率但不要想一步登天，很多事情是需要时间来酝酿的。

6.想要拥有权利就必须承担责任。

7.改掉自以为是的毛病。

正确地认识得与失，不以物喜，不以己悲，关系到我们每个人的品格与方向，不同的理解和不同的处理方法一定会得到不同的结果。而要想幸福的唯一途径，就是以平常心来看待。生活赐予你的，就好好珍惜，不是你的也不要自寻烦恼，要得失皆宜，尽量让自己做到得而不喜，失而不忧。有时，失并不是坏事，塞翁失马，焉知非福，何必要自寻烦恼呢？在得到名利时，也要常考虑灾祸的发生，居安思危，提前一步防患于未然。

好的心态是一种智慧，人生的方向是由心态决定的。如果现在你还没有一个好的心态，你就要把心态调整好。当你精神振奋、心胸开阔、容光焕发时，生命也会呈现出新的意义。

进取心是幸福的起始

我常对我的员工们讲：“一个人的心有多大，舞台就有多大。”在幸福之路上，进取心是我们必须要具备的，也是最重要的心理资源。目标远大，我们时刻要提醒自己不断进步，这是那些幸福的人最重要的习惯。

有了进取心，这种心境就会带动我们发挥潜能，实现人生的价值，充分享受奋斗的过程。

有的时候想想，我们能取得什么样的成就，都是从内心的状态开始的。如果我们极度渴望有所成就，我们就会有勇气冲破那些限制自己的高度以及那些阻挠我们的挫折。没有进取心的人是得不到幸福的，这就好比一个不思进取的员工，就算是用鞭子抽他，他也不可能拿出优异的表现，除非他们想进步。

美国广告界的工作狂人亚·克罗尔的成功就来自于他是一个极富进取心的人，而这种进取精神，也最终帮助他获得了巨大的成功。

亚·克罗尔幼时的家庭条件十分贫困，只好边打工边学习，对于学习，他从来不放过哪怕一分一秒的时间。成年后，克罗尔选择进入广告界。1980年，他被任命为杨一鲁比肯广告公司的总经理。

当时，杨一鲁比肯广告公司面临着巨大的困难，高管纷纷辞职。这个时候，克罗尔也曾动摇，但在董事长的挽留下，他下定决心对公司进行整顿，让公司重获生机。首先，他整合了设计部的领导班子，选择了一批精明能干的骨干上任；其次，他坚决要求改变公司自行其是，不尊重客户的风气。

在工作上，他本人也是个工作狂。在公司，他早晨上班后，先是召集人员开业务评审会议，探讨战略方案，然后投入工作，同时抽时间和客户洽谈，最后他也不忘了向访问归来的广告界代表团问候致意。有人统计，他每天的工作时间比公司的其他任何员工都多。

抓住这些要害问题加上自己的以身作则，克罗尔带领员工夜以继日地苦干，半年以后，公司设计部焕然一新，很快扭转了局面。

从此，克罗尔一跃成为出类拔萃的人物，他置身于作战的前沿阵地，不断完善克敌制胜的策略，带领下属夺魁称雄。

这就是进取心给人带来的成就。每个人都有理想，但要将理想转化为成就，那就一定要配备进取心。

此外，有进取心的人到哪里都会受到欢迎。

李开复曾经说过：“三十年前，一个工程师梦寐以求的目标就是进入科技最领先的IBM。那时IBM对人才的定义是一个有专业知识的、埋头苦干的人。斗转星移，如今人们对人才的看法已经发生了变化。现在，很多公司所渴求的人才是积极主动、充满热情、灵活自信的人。”

钢铁大王卡内基也说：“有两种人绝不会成大器，一种是绝不主动做事的人，另一种人则是做不好事情的人。那些不需要别人催促就会主动去做应做的事，而且不会半途而废的人必将成功，这种人懂得要求自己多付出一点点，而且做得比别人预期的更多一点。”

有进取心的人能够自觉地、积极地、不需要督促就能奋斗起来，而且能不屈不挠地把自己的所思所想付诸行动，甚至能够影响和带动周围的人。因此，现在的企业在招聘时，看重的人才就是有动力、有热情、能够证明自己的实力并且能为企业做出贡献的人。

如果你是公司的员工，你就不要被动地等待别人告诉你要做什么，而应该主动去了解自己应该做什么、还能做什么，如何能够精益求精做到更好，并且认真地做规划，然后全力以赴地完成。

不要害怕变老，要让心态年轻

哪一个年龄阶段是人生最好的年龄，可能各人有各人的看法。但我要说的是，现在的年龄就是最好的年龄。对过去的缅怀和对未来的冥思都不如现在重要。现在的年龄对我们来说是最真实的，所以不要回避现在的痛苦与琐碎，要让欢乐成为现在的中心。因为对于幸福而言，活在当下，珍惜现在所拥有的是必要的前提。此时欢乐，才能迎来彼时欢乐。只知道纠结过去与憧憬未来，都只是一厢情愿的想象，无法成为通往幸福的途径。

因此，我们最应该做的就是，不要害怕变老，而是要享受现在的好时光。

其实，身体的衰老我们谁都无法控制。有的人在老了以后对身体的变化极为敏感，总觉得自己哪儿哪儿不舒服，整日里担心，结果没病也弄成了有病，这又有何幸福可言呢？

我有个朋友，他退休以后并没有颐养天年，他一有时间就去学校里教课、做义工，或者是在家摆弄花草。有的时候我都笑话他：“你的工作日程表让年轻人都喘不过气来。”他告诉我：“我从不把这些事情当成工作，那是些有意义的事情，我做的都不是无谓的付出。”

我很欣赏他的精神，从一方面来说，他也可以说是人老心不老的典范。

我认为，年龄的衰老我们无法改变，但是心态的年轻却是无论什么年龄段的人都能做得到的。感觉幸福的人心态都是年轻的。心态是个很奇怪的东西，“你越害怕什么，什么就越会降临到你的头上”。不良的心理会加速我们身体的老化，这就是有的人年龄没有变老，心理却已经老化的原因。

奥利弗·霍尔姆斯80岁的时候，鹤发童颜、精神矍铄，有人问他永葆青春的秘诀。他回答道：“主要的原因是保持愉快的心情，要对自己满意。我从来没有感到愿望得不到满足的痛苦……躁动、野心、不满、忧虑，所有的这些都会使皱纹过早地爬上额头。皱纹不会出现在微笑的脸庞上。微笑是年轻的信息，自我满足是年轻的源泉。”

让心态年轻，就是要学会知足。知足者常乐，知足也是幸福的要素之一。知足常乐不代表消极。我们都知道，一个人的力量是有限的，但人的欲望是无限的，这个统一的矛盾体会让人感到一生中不如意的事情太多太多，而可以掌控的事情又太少太少。我们一旦被欲望锁住，就会感到苦闷、不满或是烦躁。而懂得知足常乐的人则能看清社会的纷扰，能看淡名利荣辱，能平静地面对白眼，理智地面对追捧。他们无论什么时候都会心情舒畅、笑口常开，也总能在并不理想的情况下找到生活的乐趣而不过于苛求。

柏拉图说："决定一个人心情的不是环境，而是心境。"

如果你真的不再年轻，觉得心里空落落的，还有一个办法，那就是寻找人生的寄托，找自己喜欢的事情来做并沉醉其中，你就能感觉到自己的价值了。其实，人的一生是一个不断寻找精神寄托的过程，只有这样，幸福才会降临。

第❹章

努力到感动自己，奋斗到竭尽全力

未来的你会感谢现在拼搏奋斗的你。幸福总是与努力、奋斗相伴相随的。如果我们能够付出比别人多得多的努力，努力到感动自己，奋斗到竭尽全力，那么我们一定会变得比别人更优秀，也会取得比别人更大的成功。真正有成就的人都是会努力把一件事情做到极致的人，因为他们知道，越努力，越幸运，越拼搏，越幸福。

勤奋是幸福的唯一敲门砖

通往幸福的路有很多，坎坷和曲折谁也无法摆脱，而不管多么聪明的人，要想从中找到一条捷径，都少不了一个“勤”字。俗语有言“书山有路勤为径，学海无涯苦作舟”，主要指的是读书与成功的关系。其实，人生中任何一种成功和任何一种幸福的获取，大多都始于“勤”且成于“勤”。

著名哲学家罗素指出：“真正的幸福绝不会光顾那些精神麻木、四体不勤的人，幸福只在辛勤的劳动和晶莹的汗水中。”懒惰让人无所事事，无所事事只会让人退化，幸福是绝不会降临在这样的人身上的。

在电影《奇异博士》中，优秀的神经外科医生因为一次意外受伤，十分落魄，他向一位法师寻求帮助，法师问他：“你是如何成为一名出色的神经外科医生的呢？”他回答道：“不断学习和实践。”

这就是答案，幸福没有捷径，就是勤奋，不断地学习和实践，不断地努力和付出。

只有勤奋才能让人行动起来，给人带来真正的幸福和乐趣。无论多么美好的东西，我们都需要付出相应的心血和汗水。而在付出的过程中，我们也会感念它的来之不易，因而更加珍惜它。我们也才能从这样的拥有中感受幸福，这是一条亘古不变的法则。

相反，懒惰可以说是一种恶劣而又卑鄙的精神重负，人们一旦有了懒惰的习惯，就会整天怨天尤人、精神沮丧、无所事事。很多灾难其实都是懒惰造成的。懒惰的人不喜欢做出任何改变，他们的情绪也会陷入一种惰性的状态之中，他们只想保持现在的样子，即便是举手之劳的事情他们也不舍得花力气去做。因为他们“懒得”去做，最后幸福也“懒得”去眷顾他们。

郎朗很早以前就被人们称为“中国琴童”，2015年以来他更是斩获国内国际大奖无数。他精湛而又富有激情的表演总能让台下的听众为之倾倒。但是很少有人知道，郎朗的成就也来源于“勤奋”二字。

三岁时，郎朗开始学习乐理、指法等基本功。上学以后，他每天6点钟准时起床练一小时的琴，中午练一小时的琴，放学也要练一小时的琴。就这样，日日坚持，年年坚持，他才最终化蛹成蝶，成就了自己的神话。

天才来自勤奋。因为勤奋成名的事例实在是太多太多了，所以我说，勤奋是幸福的唯一敲门砖。有的人看起来快要成功了，但最后却没有成功，我认为这主要还是在于他们还不够勤奋。他们想要完成梦想，但又不想越过梦想前面那些艰难的道路；他们想取得战役的胜利，但又不愿意参加战斗；他们喜欢一帆风顺，不喜欢遭遇任何阻力。如果他们继续努力，坚守勤奋，结果可能就大不一样了。

勤奋就好比是在耕种一块贫瘠的土地，一开始肯定是收获少而付出多，但到土地耕熟了以后，你就会发现收获源源不断。任何时候都不要放松自己，保持勤奋的习惯吧，只有这样，你才能提高你的生活质量，让你的人生价值得到更完美的体现。要知道，幸福的人生绝不是安逸的空想，而是经历过坎坷的执着，是在重压中表现出来的勇敢，是在逆境中的那份自信，是永远存在于自己行动和思想中的勤奋。

因此，我们在祈祷幸福的时候，请不要忘记拥有幸福有一个很简单的法则——勤奋。

每天都要努力，每天都要进步

幸福之道很重要的一点就是，让自己站在高处。如果你能每天都努力，每天都取得进步，那么你掌握的知识和技能就会越多，而这些知识和技能又会促使你取得更大的成功，获得更大的幸福。

勤奋不应该是一时一阵的事，而应该是一辈子的事。幸福没有捷径，只有刻苦用功、恒心不变，才是它唯一的通道。

北京大学的心理学博士卢致新说过："一个人习惯于懒惰，他就会无所事事地到处溜达；一个人习惯于勤奋，他就会孜孜以求，克服一切困难，做好每一件事情。"

因此，勤奋是我们每天都应该做到的，不要懈怠，哪怕一时一刻，持续不断地努力才能得到持续不断的收获。

前洛杉矶湖人队的主教练派特·雷利在湖人队陷入低潮时，鼓励他的队员们："我现在只要你们每天都进步1%，能办到吗？"才1%，队员们把这看成是很容易的事，纷纷表示可以做到。

于是，他们不断学习，每天都力争在罚球、抢篮板、助攻、抄截、防守等方面进步1%。结果那一年，湖人队得到了NBA的总冠军。

后来，有记者采访派特·雷利，问他为什么这么容易拿到冠军。派特·雷利说：“每个人在五个方面各进步1%，则为5%，12人一共60%。一年进步60%的篮球队，你说能不拿冠军吗?”

这个故事很好地说明了每天都要努力，每天都有进步的好处。有的时候，人与人一开始的差距就只是一点点，但如果你每天都比别人进步一点点，日积月累，几年下来，你就会超越别人太多太多。

南宋的思想家、文学家朱熹，从小就立志要成为孔子那样的圣人。他幼时读书时，有一天老师因为外出没有上课，其他孩子都很高兴，纷纷跑到书院外玩耍。只有朱熹一个人没去，他仍然聚精会神地研习八卦图。不一会儿，老师回来了，发现只有朱熹在学习，从此对朱熹刮目相看。

朱熹十岁的时候，他就已经能够读懂《大学》《中庸》《论语》《孟子》这些儒家的经典著作了。当他读到《孟子》中的“人人皆可为尧舜”时，高兴地说：“是呀，圣人有什么秘密呢？只要我们努力，人人都能够成为圣人啊！”

是呀，“人人皆可为尧舜”。上天让我们每个人都能取得成就，我们就不应该糟蹋这种上天的赐予，而是应该用刻苦的劲头去获得它。

每天晚上睡觉前，我们不妨做一个自我分析：我今天有没有全力以赴地做我该做的事情？我有没有做错什么事情？假如我明天想要得到更好的结果，我又有哪些错误不应该再犯？

反问完这些问题，并将它记录下来，当你第二天还是全力以赴地去做时，你就会自然而然地有所进步。无止境的进步，就是你的人生不断变得卓越的基础。

不需要每天的进步有多大，1%就够了。不要小看这1%，每天一点点，你就会收获更大的进步。

与时间赛跑，让幸福更近

我强调努力，强调勤奋，勤奋要达到什么程度呢？我想，首先要有与时间赛跑的观念。

虽然上天给我们每一个人的时间都是相同的，每天24小时，但是每个人对于时间的运用却是不相同的。有的人不浪费每一分钟的时间，把精力都用在了勤奋努力上，而有的人却在虚度光阴，任时间随意流逝。前者，肯定会做出一些成绩，而后者，绝对是平平淡淡的庸人。

时间对我们来讲是一种独特的资源，它无须购买，却能给我们创造出巨大的价值。但前提是，你是一个懂得在有限的时间里持续奋斗的人，哪怕零散的时间也不例外。

在一列飞速行驶的火车上，有一个年轻人一直在不停地写东西。坐在他旁边的是一位中年人，中年男人很好奇年轻人的举动，于是凑过去看，发现年轻人一直在给客户写信。中年人很赏识年轻人，说：“小伙子，我注意到了，你一直在写信，你一定是一个出色的业务员。”

年轻人抬头看着中年人，笑笑说：“是的，如果不是因为出差坐火车，这会儿正是我的上班时间，这些都是我应该做的事。”

中年人很感动，提出让年轻人来做自己的助手，他用期待的眼神看着年轻人。可年轻人拒绝了：“不好意思，我不需要成为任何人的助手，因为我就是老板。”

不浪费任何时间，甚至零碎时间也要去工作的人，一定会得到工作的奖赏，例子中的年轻人就是最好的说明。

我所知道的成功者，几乎都是能和时间赛跑的人。他们在做事时，从来不会想着拖延，而是总想着如何能够更早、更快地将事情完成。他们不会错过生命中的每一分每一秒，似乎只要有时间，他们就在工作，在奋斗。

顺德一家金融担保公司的职员艾丽在工作中赢得了“难不倒”的美誉。她有一套自己的工作准则，那就是今日事今日毕。任何一件事她都会处理得细致周到，并且保证在第一时间内高品质地完成。

凭着这套准则，艾丽很快成了部门的领导。在带领团队的过程中，她依然是这种“与时间赛跑”的凌厉作风，这使得她能出色地完成每一项任务，她的团队也成为全公司公认的可以委以重任的团队。

奋斗者是惜时的人，他们在做事的过程中不会等着在计划的最后才将事情做完，而总是希望把完成的期限往前提一点。我们也应该具备这样的奋斗精神，我们可以制定好每天工作的时间进度表，记下需要完成的事情，自己给自己定一个最短的期限，然后尽力地去做好它。

我知道，人性本来是放纵和散漫的，要和时间赛跑并不容易。但是我们要做到自律，打起精神，给自己施压，即使在最坏的状态下，也要学会今日事今日毕。这是海尔公司采用的一套工作准则，也正是因为这种日事日毕的精神，海尔创造了辉煌。追求幸福的我们，有什么理由不学习呢？

当然，与时间赛跑也要讲究方法。除了上面提到的日事日毕，有效地利用零碎时间以外，我觉得还要做好时间管理。对时间的使用要算了再做，对于要做的事情，最好按小时、按天、按周的先后顺序安排好，尽量把不可控的时间转化为可控的时间。

另外，要善于区分重要的事情和一般的事情。人的精力是有限的，因此事情也要分出轻重缓急，急的，就马上去做，一般的事情，有空时去做。要把主要的精力花在重要的事情上，抓住关键性的事情，才能提高时间的使用效率。

有效地管理时间，不错过一分一秒，选择在最短的时间内做出最好的成绩，我相信，你就是那个冲出困境站上巅峰的人。

人家付出一分，你就付出十分

我想把勤奋量化，量化的标准就是，如果别人付出了一分，那你就拿出比别人多九分的勤奋。十分的努力是一种什么程度？我认为，应该是那种努力到能够把自己都感动，奋斗到竭尽全力的状态。

我们每个人都想比别人更优秀，可要怎样才能做到这一点呢？有捷径吗？在我看来是没有的，你只有比别人更努力才能达到这一点。

我就经常拿自己的努力程度和别人来比。我能有今天的成就，都是朝着梦想一步步努力得来的，别人付出一分，我就会拼命地付出十分。

在深圳打工的时候，我们都在小作坊里劳作，每天晚上十点开始上班，一直上到第二天中午十二点，有的时候甚至晚上八点钟就开始上班了。每天都要工作十五六个小时，这样的工作强度一般人是受不了的。可我在那里坚持了五年。当时我心里就在想，无论如何苦、如何累，我一定要坚持下去。我要供弟弟上学、要解决父母的困难，我就必须吃苦，吃得苦中苦，方为人上人嘛。

说真的，那段时间，我的努力程度，确实是连自己都会感动的。现在回想起来，我也会感叹，原来自己会那样拼。

前面已经讲过我创业时第一次出去跑业务的事。那时候也是一样，无论多么恶劣的天气，我都没有休息过一天，白天给客人量尺寸，晚上加班加点地赶制衣服。我现有的一切，都是用十分的努力换来的。我很感谢我的这些经历，没有这些努力就没有今天生活的哪怕一分的优越。

可能很多人不知道菲利帕奇，在这里我想说一说他的故事。

1960年，菲利帕奇出生于南斯拉夫的黑山。他的家庭非常穷困，菲利帕奇的父母没钱供他上学，他只好在家里的农场里给父母帮忙。

当时，菲利帕奇想："难道我要一辈子这样艰辛地过活吗？不，我需要努力拼搏。"于是他开始自学，白天在农场干活，晚上就看书学习。

只不过没有老师的指导，他一直没有很大的长进。父母劝他不要再学了，他却想："我之所以如此，也许是我的努力程度还不够吧。"因此，他反而更加铆足了劲学习。空闲时间，他就跑到附近的学校去蹭课。

后来，战争爆发了。菲利帕奇的家园受到了严重的破坏。村庄里没有人能够再安下心来学习了。这时，大家都认为菲利帕奇可能要放弃了。但他还是没有，为了学习，他甚至只身逃到了美国，过着乞讨的生活。

在美国，对英语一窍不通的他吃住在公园、地铁，也被别的流浪汉欺负过。可他不为所动，仍然努力地学习。凭着这样的信念，没多久他就能用英语和别人进行交流了，他也因此找到了工作，告别了流浪汉的生活。

有了工作的菲利帕奇仍不满足于自己的努力程度，他更加不舍昼夜地奋斗。几年以后，他能说一口流利的英语了。而他的情况也感动了一位老师，老师坚信他会有一番作为，便指引他去哥伦比亚大学。在那里，他一边做清洁工，一边学习古典文学。

用同样的努力程度，菲利帕奇又坚持了19年。52岁时，他拿到了哥伦比亚大学古典文学专业的学士学位证。

菲利帕奇之所以能取得这样的成就，与他的努力程度是分不开的。他用几十年的努力换来了自己想要的东西，他不仅感动了自己，也感动了这个世界。

所以我觉得，一个人要成功、要想获取幸福，就一定要付出十分的努力。所有幸福的人，毫无疑问都是努力的人。努力，可以说是一个人最好的教育。

起点有差距，幸福无等级

世界本身是不公平的，这种不公平导致的直接后果就是人与人之间的起点有着显著的差异。

但是，起点有差距又怎么样呢？对于我们很多人而言，起点的差距不过就是比别人少了一些财富，或是缺少他人父辈能提供的机会而已。这个时候，奋斗就显得尤为重要了。

我的家境在前面已经介绍过，那是真的很穷，父母连几十块钱的学费都交不起。后来，我随父母来到上海，父母也是依靠种田为生。在上海我念了一年初一，后来家里实在是供养不起了，我只好辍学，以学做衣服的方式来为家里减轻负担。

起点比别人低得太多太多，但幸运的是，我还懂得用奋斗来拉近我和别人的距离。二十多年来，我辛勤劳动，专心学习，从一个只有一点底子的学徒工做起，慢慢地开起了自己的裁缝店，再慢慢地建立了自己的公司。

现在，我可以自豪地说，我的幸福感绝不比那些原本起点比我高的人低。

花旗集团董事会主席桑迪·韦尔曾经是一家经纪公司的跑腿工；比尔·盖茨的第一份工作是男侍从；周润发最开始是酒店里跑堂的；戴尔公司的创始人迈克尔·戴尔最早也是一名洗碗工……

起点有差距，但是幸福并不会因为这种差距不均等地降临在每一个人的头上。幸福是公平的，无论起点高或低，都需要用奋斗来做注脚。就像上面的这些人，如果他们不奋斗，不竭尽全力地摆脱那种低起点的束缚，他们也不可能有今天的成就。例如，桑迪·韦尔，一开始作为一名跑腿工可谓很不起眼，但他却努力做到最好，利用空闲时间自学业务，备考经纪人执照，而这种努力也让他收获了应有的回报。

相反，有的人起点很高，但是如果不奋斗，他是一定不会有幸福感的。

我们中国有句老话叫“富不过三代”。也就是说，一个人现在拥有财富，并不能保证子孙后代都能过上优越的日子。如果不以奋斗作基础，那么再富的家族，历经三代也会没落式微。

洛克菲勒曾给他的孩子写过一封题为《起点并不决定终点》的家信，在信中，他写道：“富家子弟安逸的生活会消磨他们的进取心和对困难的承受力，最终导致起点上的优势渐渐变成终点上的劣势。孩子，作为父母，我希望你能实现自己的价值，有自己的事业，甚至取得比我更大的成就。所以，在你很小的时候我就开始有意识地向你灌输勤俭节约、自立自强的价值观念。我绝不会用金钱为你提供便利，因为金钱会埋葬一个人的心，会让人变得好逸恶劳、没有进取心，会让人成为依赖父母生存的寄生虫，无法享受成功的快乐以及奋斗过程中的快乐。”

生活是自己的，没有人能给我们铺就一条完全平坦的路，无论起点怎么样，你都要依靠自己的奋斗来抓取幸福。所以永远不要放弃自己，永远要相信你可以通过奋斗改变自己的命运。起点不是终点，中间有一条很长的路需要你一个人来跑完。

敢于冒险，幸福自会敲门

我们的生命运动从本质上说就是一种风险，不是在主动地迎接风险的挑战，就是在被动地等待风险的降临。幸福的人当然会选择前者，所谓主动地迎接风险的挑战，就是主动地去冒险。

“冒险”这个词似乎是很多人所避讳的。他们把它看成孤注一掷或是盲目行动的代名词。但我要说，不是的。冒险的前提是有可能，冒险的过程是有可能就要争取。敢于冒险并不是逞强，不是投机，冒险是有目的、有计划地对你的智慧和能耐进行挑战，绝不是冒失的无端逞强和企图侥幸的投机取巧。

任何领域的成功人物都有一个特点，那就是他们敢于冒险，勇于险中求胜。在冒险的过程中，他们将自己的人生变成了激荡人心的探险经历，这种经历又会不断地向他们发起挑战，不断地奖赏他们，也会不断地让他们恢复活力。

有一条铁律：这个世界上走得最远、最幸福的人，也是那些敢去行动、敢去冒险的人。

摩洛·路易斯是创造了电视界奇迹的人，他的成功就来自于两次冒险。

20岁时，摩洛·路易斯随家人来到纽约，一开始他在一家广告公司工作，成天疯狂地工作。工作之余，他还到哥伦比亚大学上夜校，学习广告学。他每天的时间几乎全被工作和学习占满了，但他乐在其中。

因为喜欢具有创意性的工作，不久，他决定放弃广告公司的工作，自己独闯一片天空。他选择了做创意开发，去说服那些百货公司，通过CBS广播公司成为一档节目的赞助商。这是一个从来没有过的商业模式，没有人认为他会成功。但是摩洛·路易斯信心百倍，不分昼夜地说服百货公司。一段时间以后，他的工作有了进展，他与很多百货公司签订了合约。同时，他向CBS广播公司提供的策划方案也得以接受，签约在即。

可惜的是，因为一些小问题，这份合约最终流产了。他的生意遭受了空前的损失。摩洛·路易斯没有消沉，他应聘到一家公司做业务负责人，兢兢业业地工作着。

几年以后，他重新回到广告业，担任华纳影片公司的副总经理。那时，电视行业还在起步阶段，并不普及。摩洛·路易斯预见了电视综艺节目的前景，决定涉足这个领域，于是开始新的冒险。

不久，由他打造的几档多样化的综艺节目上线，很快就获得了极大的关注，也为CBS公司带来了巨额收益。其中有一档节目，竟从1948年播出以来基本没有间断过，这在竞争激烈的电视界内，堪称是一个奇迹。

摩洛·路易斯的成功就来自于冒险，他有一种敢为人先的精神。而实际上，这也是多数人走向成功的因素之一。人生本来就是一场探险，你不成功，你不幸福，或许就缘于你不敢冒险。

不要总是犹豫，总是想着自己要是失败了会怎样，这样只会让幸福变得可望而不可即。而去冒险呢，无非得到两种结果：成功或失败。如果我们成功，那我们就可以提升至新的领域，这对我们来说是一种成长。而即便我们失败了，我们也能明白自己在什么地方做错了，在以后的人生之路上，我们清楚自己应该避免什么，从某种程度上来说，这其实也是一种成长。

“世上到处充满了机遇，敢于冒险必有所获。”所以我始终认为，要坚定地去追寻自己的梦想。很多事实已经证明，只要我们想，我们就很可能达到最终想要的结果。

奋斗，让不可能变成可能

世界上有两种人，一种人总是把一些事情看成是不可能完成的，因此从一开始就排斥，不愿意去奋斗；另一种人是喜欢挑战，总会去挑战，愿意通过自己的努力去完成目标或任务。

那些在前者眼中看到的“不可能”的事情，真的就会是“不可能”完成的吗？当然不是，只是他们不愿意去奋斗而已。在水流量不变的情况下，流得快的水势很大。因此在洪峰时，我们常能见到咆哮的洪水，裹挟着那些平时看起来不可能搬动的巨石飞速前进。平时，缓慢的水流是无法撼动巨石的。如果给水势加速，它就能够做到。这就是奋斗的力量，它可以让不可能完全变成可能。

人亦一样。我们要相信自己的能力，不要一开始就否定自己。相反，你要执着于你正在做的事情，奋斗起来，让自己克服各种难题。

日本的齐藤竹之助，被称为世界首席推销员。

在齐藤竹之助成为推销员之前，他曾经参加竞选，结果竞选失败，他也因此欠下了一笔3320万日元的巨额债务。面对巨债，齐藤竹之助没有灰心丧气，他决定凭自己的能力偿还。

为此，他加入朝日生命公司，做了一名业务员。那时，朝日生命公司总共有2万名推销员。齐藤竹之助发誓，一定要让自己在如此多的推销员中脱颖而出。

齐藤竹之助拜访的第一个对象是东邦人造丝公司，但是在他之前，号称“日本第一”的推销员渡边幸吉已经来过了，齐藤竹之助感受到了巨大的压力。

回家以后，齐藤竹之助制订了一份详细的计划。次日一早，他再拜访东邦人造丝公司。接着，他每天都去打听情况。最终，他详细的计划书和热情的态度让他占到了上风。

在与东邦人造丝公司打交道的前后，齐藤竹之助还不失时机地拜访一切可能的客户，只要有一线希望，他就不会放弃，从来不退缩。5年以后，他成了朝日生命保险公司的首席推销员。

也就是这一年，他还清了自己欠下的巨额债务，生活有了好转。但他并没有停下，而是把职业看成自己人生不可分割的一部分，他向自己提出了更高的要求，要在日本所有的推销员中成为第一。

从此，齐藤竹之助更加努力地工作，从早到晚，没有一刻停下来过。后来，他创造了一个月2.8亿日元的销售纪录，真的成了全日本第一。

取得这些成绩后，他又为自己制定了一个目标——成为世界第一。他在72岁高龄时，完成了4988份合同的签订工作，这个成绩即使是在保险业最发达的美国也没人超越，他登上了“世界首席推销员”的宝座。

我们需要的正是像齐藤竹之助这样的奋斗精神。

当然，我也知道，很多人都有一种负面思想，遇到事情就往坏的方面去想，把自己看成了不可能完成任务的人，结果这种感觉就会一直占据他的心灵。但如果你将自己界定成了“不可能”的人，就相当于堵上了自己的幸福之门。

实际上，当你真正愿意像齐藤竹之助那样去奋斗时，你就知道，没有什么能阻挡你的幸福之路。

举个例子，假如你是一家大型建筑公司的设计师，有一次老板将一个很重要的任务交给了你，而且只给了你三天时间，你会怎么办？

消极的情况是：你认为三天的时间根本不够，于是向老板要求增加时间，但是老板不同意，因为公司要接下这单生意，就只有三天时间。最后，你拒绝了这项任务。老板不得不付出昂贵的费用，将这个任务外包给了一家设计公司。当然，结果你没有得到任何好处。

积极的情况是：虽然你认为三天的时间很有限，但还是决定接受。为此，你夜以继日地工作，最终在三天后将一份颇有创意的方案交给了老板，老板很满意。一周后，老板决定提拔你，把几个重大的项目都交给了你。你的职业生涯也有了一个全新的转变。

两种情况，孰优孰劣，相信不用我来做评判就很明了了。我想要说的只是，奋斗起来，就真的能将不可能变成可能。只要奋斗起来，那些看起来不可能的事情也许没有你想象中那样难以超越。

第❺章

要有效奋斗，而非无效奋斗

要想奋斗有效率，就得为奋斗找方法。同样是奋斗，有的人墨守成规，有的人独辟蹊径，其结果也是不可同日而语的。一般来讲，墨守成规的人都不会有大成就，而能独辟蹊径的人才有大作为。这就是有效奋斗和无效奋斗的区别。对于幸福而言，我们每个人都应该学会有效地奋斗，学会充分地利用自己思维的力量，自我提高、自我超越。

奋斗永远需要思维的辅佐

奋斗，可以分为两种，一种是有效的奋斗，一种是无效的奋斗。

无效的奋斗在我理解，其实不能说是奋斗，只是没有任何技巧和思维的蛮干。而有效的奋斗不一样，它是带着思维去做事，在奋斗的过程中，我们也在学习，在进步，在创新。

人是具有思维的动物，那我们就需要用思维来为奋斗服务，让奋斗变得更高效、更有力量。

看一看这个世界上，成功者的成功其实有很多都是在“奇”字上下了功夫，能够突破思维常规。

如拍立得相机的发明者亨利·兰德的故事。

亨利·兰德平时很喜欢给女儿拍照，每次拍完后女儿都想立刻看到自己的照片，但当时并没有这样的相机。亨利·兰德不得不耐心地给女儿解释，要等相片全部拍完后，将底片从相机里取出来，拿到暗房显影才可以看到。

但是，每次他在向女儿解释时，内心却总有一个声音在问自己：“难道就不能制造出一个在拍照的同时就能显影的相机吗？”

亨利·兰德咨询了很多摄影方面的行家，得到的答案都是否定的。但是亨利·兰德并没有退缩，他决心自己来完成它。最后，他终于不畏艰难地完成了“拍立得相机”。这种相机完全满足了他女儿的心愿，兰德企业也由此诞生了。

相机投产以后迅速走向了全世界，成了市场的热门产品，畅销不衰。

亨利·兰德突破常规思维，敢于抛开惯性认知，不盲目从众，这成了他最终成功的根本。我认为奋斗者也应该像他那样，敢于突破思维的定式，让思维活起来，为自己创造更大的价值。

我知道，很多人都受着惯性思维的束缚。这种思维看起来天经地义，毋庸置疑。但也正因为如此，它成了阻挠我们去面对真实世界的东西。常规的思维能给我们一种虚幻的、短暂的安全感，但却是我们获得成功的最大障碍，是我们拥有幸福的最大敌人。一味地遵循常规思维，其实就是在掩耳盗铃、欺骗自己。

而我们要想提高，就要突破这种惯性思维，更新原来的思维模式，优化、深化我们的思维品质。

有一个年轻人乘坐火车去一个地方。火车行驶在一个荒芜的山野中，人们百无聊赖地望向窗外。

在一个转弯处，火车减速，一排平房出现在人们的视野中，疲惫的乘客们看到房子时都精神一振。这时，旅客们纷纷开始议论起这排房子来。听到大家的谈论，年轻人心中一动。他在中途下了车，找到了这排房子的主人，想要买下房子。

房子的主人正愁每天路过的火车噪声让自己受不了，正想要将房子处理掉。就这样，年轻人用很低的价格买下了房子。不久，年轻人将这排房子的正面做成了一个广告墙，并和一家大公司签下了广告合同。这家大公司支付给了年轻人高于房价百倍的广告租金。

突破惯性思维，是既不随波逐流，又不刻意与惯性思维对立。要习得这种能力，我们就需要比往常更全面、深入地看待问题。我们在考虑问题时，要尽可能全面地想到与问题有关的各种要素，以及这些要素之间彼此的关系，切不可孤立地看待问题。再者，要尽可能深入事情之中，看到问题的核心，把握事情的本质规律。一定不要只停留在问题的表面，找不到实质。这样，我们慢慢地就可以让自己更加理性，从而让思维活跃起来，为自己的奋斗加分。

奋斗时，脑筋要常转弯

成功者的品质之一是能动用积极思考的力量，并且能够把这种力量转化为智慧。没有这种智慧，成功者就不可能成为成功者。

成功者思考问题的方法常常与人不同，这得益于他们总能变换角度来看待问题。所谓变换角度，就是我们常常说的“脑筋要转转弯”。

我们观察一个事物，通常都是从一个视角出发，来形成对这个事物的概念和认识。而脑筋要转弯，就是要我们改变观察的视角，从而形成对一件事物新的看法，同时也能赋予一件事物新的意义。而机会，也许就蕴藏在这个新的意义之中。

有一个故事讲的是，在美国加利福尼亚州沿海的一个城市，因为要开发，所有适合建筑的土地都被利用起来了。在城市的一边，是一些陡峭的小山，基本上是不适合作为建筑用地的。而另外一边靠海的地势又太低，每次涨潮都会被淹没一大片，也不适合用来作为建筑用地。

可是，城市又急需要扩张，怎么办呢？

有一天，城市里来了一个充满想象力的人。他刚来时就看到了利用这些土地赚钱的可能性。他把这两处别人眼中看来无用的土地都买了下来，因为这些土地早早被认为没有价值，所以他只用了很低的价格就拿下了。

之后，他用几吨炸药把一边的陡峭小山都炸了，再用几台推土机把这些地推平，这样，原来的山坡地都成了很好的建筑用地。另外，他又租下一些车子，把这边炸掉的山坡地的土运到了另一边的低地，将低地垒高，使其超过了海平面的高度。这样，原来的低地也变成了很好的建筑用地。

依靠这个方法，他赚到了钱。

细想一下，他是怎么赚到这么多钱的呢？那就是把一边的土运到另一边去。可是，在他之前有谁想到了呢？

这就是脑筋转转弯的效果，不要把脑筋转弯看得有多难。我们在很多时候，其实都是自缚手脚，有时是自己把事情看复杂了，也许那些简单的好主意同样会带来意想不到的收获。

想象力是你的财富，也是你可以控制的东西，你应该乐观地奋斗，在遇到的基点上巧妙地转转弯，或许就能带来意料不到的惊喜。

所以，你要学会改变那些自己原有的想法，让自己经常变换视角来思考问题。有的时候，灵感在你脑筋转弯的一刹那，就可能迸发出来，让你抓住先机。

为了训练自己“转弯”的本事，你可以采用这样一些方法：

第一，记录你平常的想法。千万不要把自己平时的一些想法看成是“馊主意”，只要是觉得新奇的，先不管它现不现实，你且先记录下来。也许，这个想法在现在不那么合时宜，但在另外一个时间节点它或许就是很好的着手点。记录下来，随时整理，在有需要时，你有可能用得上。

第二，自我反问。奋斗中出现问题时要多问自己几个“为什么”，并且找出自己以前失败的原因。这样做不仅是给旧有的想法一个机会，也是一种重新思考、重新整理的过程。在这个过程中，你就可能勾勒出创造性的新想法。

第三，经常表达你的想法。不管你是怎么想的、想的是什么，都可以将它讲出来，和别人一起讨论。注意，不要单方面地自我否决，因为你觉得荒唐的想法，在别人眼中极有可能是天才的看法。

第四，不要安于现状，要有创新的渴望。发明家永远是不安于现状的人，他们一直渴望创新，也正因为此，他们才能经常给世界带来惊喜。你也一样，不要认为一件东西已经很好了就不去寻找让它更好的用途，只要你思考，它的变化就会永无止境。

千万别给自己的脑子只留一条路，多转转弯，这对你的幸福有着莫大的好处。

换一种思维解决问题

奋斗的过程中，我们不可避免地要碰到各种问题和困难，在这个时候，我们必须学会认真积极地思考，在理性的分析中找到解决问题之道。

一旦认真思考，或换一种思维来看待问题，你就更容易找出解决问题的方法。不能转换思路，只知横冲直撞，一般情况下是很难擦出智慧的火花的。

英国的小说家毛姆，原来只是一个不起眼的小吏，因为没有名气，他的小说总是很难销售出去，就算是出版商尽力进行推销，也只是收效甚微。

眼看自己的生活越来越拮据。毛姆突发奇想，用自己不多的钱在报纸上刊登了一则醒目的征婚启事，内容为："本人是一个年轻的百万富翁，喜欢音乐和运动，现在想要征求和毛姆小说中的女主角一样的姑娘共结连理。"

广告刊登以后，书店里毛姆的小说果然被一抢而空。一时洛阳纸贵，印刷厂必须加班加点地印刷才能应付当时的购买狂潮。原来，适婚的女性，不管有没有人愿意应征，都很想看到毛姆小说中的女主角到底是一个什么样子的人，能够让一个百万富翁神魂颠倒。很多年轻男性也很想了解一下，到底什么样的女主角能有如此大的魅力。

不久之后，毛姆就成了名人，他再出版的书籍也都会被一抢而空。

土耳其有句很著名的谚语："一个智慧的头脑能够拯救成千上万颗头颅。"由此亦可见智慧有多么重要。克服困难，就需要智慧的辅佐，有的时候，只要换一种思维，问题似乎就能迎刃而解。

平常，我们会不经意地冒出一些新奇的想法。在遇到困难时，我们更需要将这些新奇的想法运用起来。有的时候，出奇招、出险招比什么方法都管用。

奥运会一直以来都是让主办国严重亏损的体育盛会。但是1984年，在商界奇才尤伯罗斯接手主办洛杉矶奥运会后，那届奥运会却创下了巨额赢利的纪录。

其原因就在于尤伯罗斯转了一下弯，他将商业理论引入体育事业，用经济手段来操办体育比赛，例如出售奥运圣火接力权、竞卖独家电视转播权、限定赞助厂商的数量，提高单位赞助数额，这些举措下来，这届奥运会赢利达到2.5亿美元，是原计划的10倍。

挫折和困难并不可怕，可怕的是自己把自己打倒。当挫折和困难真正来到时，你要做的首先是不沮丧、不悲观，然后是调动你思维的力量，跳出习惯的思维圈圈，看看能不能换一个角度看待问题，从另一个方向来解决它。

莫里哀说：“变通是才智的试金石。”变通，是我们在碰到问题时应该有的态度，千万不要被问题吓住了。有的时候不是我们遇见的问题有多难，而是我们使用的思维方式不恰当罢了。不要拘泥于一种形式，要多从问题的各个方面去想，看看能不能从别的角度入手。

此路不通，还有另外一条

奋斗时，我们有时也是需要转换方向的。有个成语叫“曲径通幽”，讲的就是我们奋斗时不一定非得走固定的一条路，有时选择迂回的道路同样可以达到目的。同样的情况也常发生在我们的生活中，例如，有些事情要是硬攻必定灰头土脸，而如果旁敲侧击就要好得多。

奋斗很有用，但我们要用在正确的方向上。不在正确的方向上的奋斗，只能是一条道走到黑，做了很多无用功。因此，我们一定要找好方向。碰到走不通的路时就立即改变方向，重新选择另外一条路，这也是成大事者的习惯。

19世纪30年代，年轻的摩尔斯很想当一名艺术家，他毕业于英国皇家艺术学院，野心勃勃地来到美国，想要开始他的艺术生涯。但是，摩尔斯发现，他的画风总是有欧洲的烙印，过于浪漫，而这在讲究实际的美国是不受欢迎的。

1837年，美国政府想要找画家装饰一下国会大厅。摩尔斯听说后希望自己能被选入。但是，国会公布的最终画家人选中并没有他的名字。

这使摩尔斯很受打击，他彻底明白自己不能再在美国走艺术之路了，他决定追求另外一种人生。

这时，摩尔斯想到他当初漂洋过海时，曾在船上和几个人讨论过电磁现象。他决定选择这个方向，从“电”入手。经过无数次的失败之后，摩尔斯终于发明出了电报，为人类的通信做出了巨大的贡献。

摩尔斯没有一条道走到黑，他在发觉艺术之路走不通时，果断地选择了另外一条，结果照样获得了想要的成功和幸福。

从摩尔斯的经历中我们也可以认识到，人生的危机和转机可能就在一念之间。撞了南墙后，我们最好静下心来，结合自己的实际，看看自己成功的可能性，看看这条道是不是真的对。如果不行，那就果断地放弃它，重新寻找自己奋斗的方向。在心境转变的同时，成功机会可能就已经来到了我们的身边。

当你认识到自己在一条道上不能成功的时候，你是对自己的过去做了一个否定。但这只是第一步，第二步就是你要去发现自己还能做什么，而这第二步，你就要给清醒的自己重新做一个规划，这是非常重要的。

现在，我们都知道马云建立了庞大的阿里帝国，可是很多人不知道，为了做出成功的生意，马云在创业之初也走过很多弯路。一开始他做翻译社，做不了就马上转做黄页，做黄页失败以后，他才做起了电子商务，结果一直走到了今天。

此路不通再走另外一条才是有效的奋斗。你想，条条大路通罗马，此路不通就必定会有其他的路。既然不通，又何必撞得头破血流还要去硬碰呢？有很多人没有成功，或者是感觉自己走进了死胡同，再也走不出来，就是过于固执了，固执在了一条路上，而没有看到旁边还有更好、更方便的路。

因此，如果你希望自己幸福，就要学会变通，遇到一己之力所难以撼动的阻碍时，就要细细思量，果断地踏上另外的道路。“此路不通”就换条路，“这个方法不行”就换一个方法，这应该成为我们每一个人的奋斗理念。

失败一定有原因，成功一定有方法

如果我们留意一下身边的人，就会发现，这些人有着不同的生活方式、经济状况和家庭出身，他们所从事的职业也不尽相同，对人生、对生活的看法也各异。但在这些人中，只有少数人很富足、很成功、很幸福，而其他的大多数人从人生的方向上来看，都是平庸的。

其实，每个人都会遭遇失败。但不同的是，少数人能找到失败的原因和成功的方法，而多数人却在围着失败打转。

对于失败，成功者会不断地总结，不断地学习。雁过都要留痕，任何失败都是有原因的，不管是主观因素还是客观因素。关键在于你能不能在总结中看到它，并将它应用在你下一次的探索中，避免再次出现同类型的失败。

我在意大利做工时，听过这样一个故事。

有一天，巴黎的电影院正在放映一部叫《拆墙》的短片，片中有一个危墙被众人推倒的镜头。放映时，由于放映员普洛米奥的粗心大意，放映的结果变成了一堵被人推倒的危墙又从残垣断壁中重新立了起来。

这引起了现场观众的哄堂大笑，普洛米奥也羞愧地关掉了放映机。

但很快，普洛米奥就不再懊恼，而是进行了深入的分析，觉得这种现象其实可以用来作为拍电影的一项新技术。后来，他便有意识地运用这种倒摄手法来放映电影，结果效果出奇的好，经常赢得观众的赞赏。从此，它就成了各国电影拍摄中常用的一种技术。

“失败是成功之母”，我的成功也是从无数次的失败中学习出来的。刚做衣服时，我也常因为给客人做得不合身而闹笑话。但我没有气馁，而是反复试验新的手法，最终找到了最适合我的方法。

失败，我将它看作我最好的老师。

不过，在分析很多人如何面对失败时，我发现大多数人不是在为失败找原因，而是在为失败找借口。例如“我的失败就是因为我的教育程度不够”“我没有足够的资金来开创事业”“我没有时间”，等等。如果一个人总是给自己找借口，就会麻木自己的奋斗意志，导致更大的失败，这也是一种病态的表现。

失败者找借口，那么成功者呢？他们不仅在找失败的原因，也在找成功的方法。我在创业时曾经跟一个很厉害的人学习销售，后来我使用了他教的方法业绩果然比平时好了很多。这让我更加深刻地认识到，成功一定是有方法的，有的人现在还没有成功，除了心态、信念的因素以外，还可能是他暂时没有找到成功的方法。

方法不对，努力也会白费。所以我们要打起精神来，为成功找好方法。如何找呢？我认为最好的方式是学习。首先是学习好的策略，也就是那些好的方法，先看看别人做了哪些与众不同又有很好效果的方法，如果是适合我们自己的，我们可以借鉴来用；其次是学习行动的方案，就是要把事情做好，我们具体应该怎么做，别人是如何循序渐进地做的，别人每天会采取哪些行动。

成功的方法可能就在那些成功者那里，因此我们要多去学习别人的经验，同时加上自己的摸索，我相信，你一定能找到一条让自己幸福起来的道路。

挖掘潜能，你才能获得更多

有很多人认为潜能是天生的，是不能被人改进的。其实不是，我们每个人都有巨大的潜能，只不过这种潜能平常总是深藏着，没有被我们激发出来而已。如果潜能被激发出来，就会发挥出惊人的作用。

一个话剧导演讲了一个有意思的故事。有一次，他在排练一部话剧时，女主角突然有事不能出演，他又实在找不到人，情急之下，他叫来一名面容姣好的女性工作人员，请她担任这一角色。

这名工作人员以前只是做一些服装准备之类的工作，突然被叫来当主角，一时间，自卑、羞怯都涌上她的心头，让她的排练很差劲。当然，导演也很不满，气愤地说："如果你还是这么差劲，那就不要再往下排了。"

这名工作人员听完，委屈的泪水就要夺眶而出。但她想了想，又昂起头来，要求导演再排练一次。这一次，她一扫原先的自卑、羞怯，拿出自己饱满的感情、全情投入，结果排练效果非常好。

后来，导演直说她是被埋没的天才。

其实，她之所以能如此，是因为她突然间激发出了自己的潜能，这让她成为不一样的自己。

由此亦可见潜能对我们的重要性。爱迪生曾经说：“如果我们做出所有自己能做的事情，我们毫无疑问地会使自己大吃一惊。”追求幸福中很重要的一点就是要相信自己，看好自己身上的潜能，然后想办法挖掘出自己的潜能，并将它运用在我们的奋斗之路上。

那么，如何才能更好地挖掘出我们身上的潜能呢?

我这里介绍几个方法，希望对你有所帮助：

第一，开阔你的视野。一个人如能开阔视野，就能及时了解各种新鲜事物，获取到最新的信息。这些新的事物和信息就可能为我们找到更新的思路和方法。相反，如果只是循着旧有的事物和信息来做事，那就只会是浪费精力。

第二，多学习。应该多读一些感兴趣的书籍，多去向有经验的人请教，利用各种方式来丰富自己的知识和技能，关键时刻这些知识和技能就能成为最大限度发挥你才能的资源。

第三，消除自卑。自卑是挖掘潜能的最大阻碍，严重的自卑感会扼杀一个人的才智。因为自卑，做起事来就会畏首畏尾，没有魄力，当然也不可能把事情做好，而失败的结果又会加重你的自卑感，形成恶性循环。要挖掘潜能，就一定要丢掉这样的自卑感，振奋精神，让自己奋勇进取。

第四，大胆地去做。大胆地去做是挖掘自己潜能的最好途径。别人做不到的事情你能去做，并且相信自己能够尽最大的努力将事情做好，在做的过程中，你就可能发挥出巨大的潜能。

不能挖掘自己潜能的人是对自己潜能的浪费。你要做的，就是拒绝这种浪费，努力挖掘自己的潜能，最大化地实现自己的人生价值，让自己幸福起来。

奋斗的路上离不开创新

现在的社会发展很快，只是守着传统的奋斗方法而不懂得创新，是绝对不行的。

所谓创新，就是独辟蹊径，找出新的、有效的方法。

我觉得我的创新理念还是比较强的。我创业做服装时，团购就可以说是我的一种创新。以前，做制服的企业可以说都是守株待兔的，就是别人找上来我才做。但我认为不能这样，所以我们就开始走出去，后来的事实也证明，走出去的效果要比守株待兔要好得多。

曾经，我在总结做企业的经历时，发现我走过了6个销售阶段。第一个阶段叫店销，这和别人是一样的；第二个阶段是，别人还在店销的时候，我们开始走销，开始出去跑业务；第三个阶段是别人走销的时候，我们又开始做电销了，就是电话销售；第四个阶段是，别人在做电销的时候，我们看到互联网进入中国了，就开始做网销，在网上谈业务；第五个阶段，别人在做网销的时候，我们已经在做微销了，因为微信上来了；第六个阶段是别人做微销时，我们开始做会销了，就是一对多，批发式地销售。

大家都走过的路一般不会留下什么好果子，而创新就可能让我们有意想不到的收获。创新并不是天才的专利，我们每个人其实都可以创新。

下面我们就来看看，应该怎样来发展、加强自己的创新能力。

我认为，培养创新能力的关键是要相信自己能把事情做好，这会让我们的大脑快速运转，找到更好的方法。而如果你不相信自己，你的大脑反过来就会为你找种种做不好的理由，埋没了你的创新力。

其次，是要接受各种创意。在这里，我举一个巴西企业家卢伊兹的例子。

有一次，卢伊兹到剧场观看演出，当他看到一个笑话节目时，观众们都被逗得前仰后合。在笑过之后，绝大多数人都会把看到的抛于脑后。但卢伊兹没有，他反复地思考这件事，最后认为可以将“笑话”变成“商品”。

在认真地研究和分析以后，卢伊兹做了一个“笑话公司”。他汇集了世界各地的笑话，从中精心挑选出上万条精彩的笑话，并让专家翻译成英语，然后再聘请滑稽演员把这些笑话制成录音，在自己公司的专用号码上增设了一个特别的系统。用户只要拨打这些专用号码，就可以听到令人捧腹的笑话。当然，用户每拨打一次电话都要支付一定的费用。

在互联网还没普及的时候，卢伊兹的这种方式大受欢迎，他也因此获得了丰厚的利润。

因此，不要否认自己的一些别开生面的想法，你应该积极地对待它，说不定它就是一个好的创新点子。

再次，要有实验精神。你可以废除平常固定的一些事务安排，尝试去一些新的餐馆，或看一些新的书籍，交一些新的朋友，甚至是采取跟平常不一样的上班路线，这些都是创新的一种体现，它又能带动你想到一些新的想法，形成创新的生活循环。

另外，要主动前进，而不是被动后退。一般来讲，成功的人都喜欢问自己："我要怎么做才能做得更好？"而平庸的人总会安慰自己："我看这样已经差不多了。"通常，成功的人在问自己"我要怎么做才能做得更好"时，就会又想到一些主意，又想到一些点子，并凭此领先平庸的人一大截。

最后，要时常换一种思维方法。例如逆向思维和灵感思维。逆向思维就是从事情的反方向着手。老子曰："反者，道之动。"意思就是反常规的做法往往是万事万物运行规律的体现，这也就说明了，我们在做事时，如果遇上一时不能解决的问题，不妨反其道而行，看看有没有解决问题的可能。

灵感思维即不要忽视我们的一些灵感或预感，有的时候灵感、预感真的会很幸运地让我们做成似乎不可能做成的事。通常来讲，夜晚睡觉前和刚醒的时候是我们灵感最容易出现的时间段，因为这时我们的思维很少受到干扰，这就很有利于我们最大限度地发挥思维潜力，让我们突破对问题的思考。此外，我们也可以通过撰写故事的方式来激发灵感，因为这种方法能丰富我们的思想，让我们形成独特的想法。

自我反省，自我提高

在奋斗的路上，不知道反省是很可悲的，不反省就不会知道自己的缺点和过失，当然也就不会让自己有所提高。

毕竟，在奋斗的路上，我们每个人都难免会做错事、说错话，出现失常的情况，在这种情况下，反省可以帮我们及时发现错误、纠正自己的言行。

有一位名作家，他写了很多有影响力的书籍。作家说，他之所以有这样卓越的成就，完全是拜他父亲幼时对他的教育所赐。因为小的时候，每次在吃晚饭时他的父亲都会问他："你今天学到了什么？"

这时，他就会把学校学到的东西告诉父亲。如果实在是没什么好说的，他就会跑进书房拿出藏书，找到一些自己不知道的东西告诉父亲，这样他才会上床睡觉。

后来，他一直保持着这个习惯。虽然成年后父亲不在身边了，他每天晚上也会拿小时候父亲问他的那句话来问自己，如果当天没有学到东西，他是不会上床睡觉的。

正是这种自我反省的方法时刻激励着他汲取新的知识，产生新的思想，也让他不断地进步。

古语云：“君子不患人之不己知，患不自知也。”我们认识自己就是要认识到自己的长处和短处。反省，就是要找到自己的不足之处，并且加以改进。它是自我认识水平进步的动力。

通常，善于反省的人都是对自己认识很深刻的人，因为他们经常自己回过头来看自己，所以很了解自己的长短处，并能在实际运用中做到取长补短。而且，他们也会经常考虑:我能做什么事？我有着怎样的力量？我该做什么？我为什么会失败或者是为什么能成功？我要怎样才会幸福……这也为他选择幸福的方向做出了最好的铺垫。

反省如此重要，我们就要有意识地培养自己的反省意识。

这首先需要我们有自知之明。我在很多场合说过，只有认识了自己，反省才会变得有意义。我们不能把自己看得太高，又不能把自己看得太低。把自己看得太高就成了自大自负，这样的人是看不到自己的不足的；而把自己看得太低就会自卑，做什么都缺乏信心。只有正确地认识自己，才算是有自知之明。

其次，我们要抛弃那种遇到什么事只知道责备别人，而不从在自己身上找原因的劣根性。我经常听到别人说“这不是我的错”“这不是我做的”“都怪XXX”，这其实是对自己的肯定，也是对别人的否定，这也是我们在逃避责任时常用的手段，虽然他们有可能最后真的逃避了责任，但因为不会反省，他们日后还会再犯同样的错误，还会逃避推脱，而下一次他们很可能就不会那么好运了。这对他们的幸福没有任何意义。只有从自己的身上找原因，反省自己，我们才能避免同样的事情再次发生，没有错误的下一次，才会有幸福的下一次。

曾子曰“吾日三省吾身”，我提倡的是我们也应该像曾子一样，每天多次反省自己。在工作空闲的时候，在轻松休闲的时候，我们都可以对自己进行一番反省。经常这样做的人，一定会发现自己会有不一样的收获。“正己然后可以正物，自治才可以治人。”总之，因为反省，我们才能战胜自己，获取幸福。

第6章

熬得住苦难，换得来辉煌

奋斗的路途从来不会平坦，总是有着太多沟沟坎坎。在挫折和逆境面前，我们都需要有一颗坚毅之心，用行动将困难踩在脚下。熬得住苦难，换得来辉煌。当你一路披荆斩棘收获辉煌时，我相信你一定会感谢自己，也会感谢那些苦难。因为大危大难才能出大能，苦难从另一种角度来说，也是幸福人生的一种变相天赐。

人生一定会经历酸甜苦辣

人从出生开始就开始了人生的旅程。然而，这趟旅程并不轻松，总是有太多坎坷曲折与我们相伴相随。

没有一个人的人生之路是平坦的，即便是那些功成名就的人，如果看一看他们的经历，会发现他们经历了太多的痛苦和折磨，才换来最终的甘甜和名垂青史。

例如，司马迁遭受宫刑，忍辱负重写成《史记》；越王勾践若无卧薪尝胆的艰辛，就没有三千越甲吞吴的辉煌；归有光落第八次，仕途坎坷，最终写出隽永文章《项脊轩志》……

在人生的短短几十年中，酸甜苦辣，各种滋味都有，因此有人形容人生是“百味人生”。我赞同这样的说法，如果将酸甜苦辣分开，我认为，酸代表的是人生的辛酸和努力，甜代表的是我们的幸福感觉，苦代表的是我们经历的挫折和磨难，辣代表的是令我们激动的时刻。

这样看来，是不是每种滋味都有被我们尝到的时刻。就算那些含着金钥匙出身、不愁吃不愁穿的人，他们也不是天天都幸福满满的，他们也会经历各种不如意的时刻，也会经历酸和苦的折磨。

在酸甜苦辣中，我这里着重要强调的是我们对苦的正确态度。

苦所代表的大大小小的挫折和磨难不时地在我们生活中出现，似乎无处不在，无时不在。而在对待苦难时，有的人人踯躅不前、消极沉沦，而有的人则会勇敢前行，付出辛酸和努力换来自己的幸福。

我在英国的一家博物馆中看到过展出的一条船。这应该是非常特别的一艘船了，根据介绍，它在1894年下水，在大西洋中曾经百多次遭遇冰山、触礁，二百余次被风暴吹折桅杆，还曾经数十次起火。但是，它从来没有沉没过。

但这艘船的故事还远不止于此。

有一位美国的律师打输了一场官司，委托人自杀了。尽管这不是这位律师首次辩护失败，也不是他遇到的第一例自杀事件。但在遇到这种事情时他总有一种负罪感，他不知道该怎么安慰那些遭受不幸的人。

后来，律师在博物馆里看到了这艘船。他突然有了一种想法，为什么不让他的委托人也来看看这艘船呢？于是，他抄下了这艘船的历史，并和这艘船的照片一起，放在他的办公室里。每次有委托人请他辩护时，不管输赢，他都会让他们去看一看这艘船。

就这样，经过很多人的口口相传，这艘船名扬天下。世界各地的人都跑来参观它。其中，有功成名就者，也有落魄潦倒者，还有许多平庸的人，他们都希望从这艘船上找到人生的注脚。

我们的经历其实也如这艘船一样，人生就像航行，而船在大海上航行就没有不带伤的。因此，最好的态度是，就算屡遭挫折，我们也要坚定顽强、百折不挠地挺住，就像这艘船一样，熬过伤痛的岁月，换来世间的铭记。

畅通无阻的人生只存在于我们美好的愿望中，当我们真切地审视自己的人生之路时就会发现，它并没有想象中那么顺畅。前进的路上也一样，险象环生，当然也有快乐舒适的时候，酸甜苦辣，百味皆有。

人生百味，味味都是我们无法回避的，它们似乎总是在不停地循环，只不过有的人在把苦转化为甜，有的人却在化甜为苦。

最好的做法是，如果有厄运袭来，拿出宽广的胸怀、顽强的意志和坚韧不拔的毅力，用笑脸去面对现实，用微笑对待生活，那样我们才能在苦难中成长，在苦难中收获幸福。

1945年3月15日，法国的科文·威廉正走在一辆坦克后面，坦克触到地雷爆炸，而威廉从此双目失明。

但是，这并没能阻止威廉追求自己的人生目标——成为一名牧师或法律顾问。大学毕业后，威廉克服了常人难以想象的困难，但他说，失明是他“事业中真正的一项宝贵资产”。他永远不以外表来判断事物，因此总是宽以待人。

威廉说：“失明使我不会以貌取人和拒绝他人。我愿意为任何人做力所能及的事。因此，客户在我面前有安全感，也肯表达自己的观点。”

自古人生多磨难，但再苦再难也挡不住坚强者的步伐。海明威说：“一个人能被毁灭，但不能被打败。”弥尔顿说：“能承受一切磨难的人，才是真正伟大的实干家，他们能够成就一切。”歌德也说过：“对我们每一个人来说，生命都是一场磨难。我们无法预知谁能够单枪匹马地去拯救上帝。因此，请不要责怪逝者的疏漏和错误。不要只看到他们失败的地方和他们所经受的磨难，应该仔细想一想，他们有什么样的功绩，这才是我们这些活着的人应该做的事情。”

没有人能够随随便便就得到幸福，但是如果你能坚强地迎接前行道路上的各种险阻挑战，你就可以。

放弃了就绝不会幸福

我知道的是，很多人不是不能得到幸福，而是在追寻幸福的过程中没了耐性。面对一次次的失败，灰心丧气地选择了放弃。殊不知，如果他们再坚持一分钟，也许就能和幸福握手相迎了。

有一次，声名显赫的英国首相丘吉尔到牛津大学演讲。当时，会场人山人海，世界知名的新闻媒体机构都有到场。大家都想听听这位大政治家、外交家、文学家的成功秘诀。

可是，丘吉尔在用手势制止了会场的喧闹时，却只说了一句话："我的成功秘诀有三个：第一，决不放弃；第二，决不、决不放弃；第三，决不、决不、决不放弃！我的演讲结束了。"

说完，丘吉尔走下了讲台。

短暂的沉寂以后，会场中爆发出了雷鸣般的掌声。

我也觉得，永不言败、永不放弃是最可贵的品质。

哲人说：“百分之九十的失败者其实不是被打败，而是自己放弃了成功的希望。”有很多人就是这样。他们在一开始时还保持着旺盛的斗志，在这个阶段，普通人和杰出的人是没有什么差别的。但是，往往在最后那一刻，顽强者和懈怠者就会各自显露出来。前者从不放弃，会咬紧牙关坚持到最后，而后者则被路上的迷雾遮住了眼睛，他们不知道再往前跨一步就是胜利。而就是这一步之差，成就了不同人的不同人生。

这就好像烧水。当温度烧到99℃时还不算开，最后只要再加1℃，就能突破物理形态的临界线，从液态变为气态，不开的水就变为开水。幸福和烧水是同样的道理。

我小时候父亲经常对我讲：“九九进一，成在其一。”开始我还不知道这是什么意思。长大以后我才体会到这个“一”的意义：无论做什么，走完了99步，剩下的最后一步才是考验毅力的一步，只要咬紧牙关，再多一点努力，再多一点注意，或是再多一点思考，再多一点试验，就能成功。

日本的名人市村清池，年轻的时候担任富国人寿熊本分公司的推销员，有一段时间，他每天都在奔波，可连一张保险合同也没签出去。

到了最后，连市村清池本人都快要放弃了。而他的妻子却告诉他说：“一个礼拜，再坚持一个礼拜，如果真不行的话……”

市村清池听从了妻子的劝告。第二天他就打起精神继续去一位校长家里拜访，这次他成功了。后来他曾这样描述当时的情况：“我按铃时都提不起勇气，因为之前我已经来了七八次，对方总是觉得不耐烦。这次对方肯定也不会给我好脸色。可谁知道，对方那时候其实已经准备投保了。如果我不坚持，我想我绝对无法收获那份合同。”

有了第一份合同以后，市村清池继续努力，紧接着又是第二份合同，第三份合同……还有许多人是自愿投保的。就在那一个月，市村清池成了富国人寿销售员中的佼佼者。

可见，没有什么目的是不可能达成的，除非你放弃。只要你能锲而不舍坚持到底，你就一定能达成自己的目的。

当一个人万念俱灰、放弃行动时，我们说“无可救药”；当一个人认了死理，哪怕上刀山下火海不达目的不罢休时，我们说“矢志不渝”。

自己的事自己做。幸福始于心动，终于矢志不渝。

接受生活中的不公平

这个社会本身是不公平的，因为这个世界上本来就没有绝对的公平存在。生活中，每个人都会遇到困苦和挫折，我们都会面临挑战。而这时，正确的态度绝对不是埋怨，而是要坦然地接受这一切，自己拯救自己。

新东方教育科技集团董事长兼总裁俞敏洪说过这样的话：自从人类社会建立以来就从没消除过不公平。面对不公平，不同的人表现出积极、消极两种不同的态度。消极的态度有百害而无一利。正如人的出身，根本无从选择。唯一能够做的，就是不断地迎接挑战，通过自己的努力来改变命运。

在这个世界上，不论你出身时是含的金勺子、塑料勺子，还是没有勺子，这些都无所谓。重要的不是你与别人有差距的家庭背景、学历背景，重要的是你最终会成长为一个什么样的人。

幸福不是谁一出生就有的，它总是伴随着人的成长慢慢施予的。

我的出身我前面已经介绍过了，很小的时候我也问过自己：“为什么我会成长在这样一个穷苦的环境中？”但是我并没有为此感到难过和苦闷，我选择了自己拯救自己，用自己的努力和奋斗来换回幸福的明日。

我们选择不了出身、逃避不了不公，但我们可以选择接受，选择挣扎和抗争，选择自己拯救自己。

我的两个同学，一直到大学毕业都是同班同学。毕业以后，A依靠父亲的关系进了一家知名报社做美术设计的工作。B找工作却举步维艰，最后只能到一家小公司做插画师。

后来，B一看到A在报纸上刊出的作品就会大骂，说A的才华远不及自己，就是因为有了一个好爹，结果混得比自己好多了，这是多么不公平啊！

几年以后，B仍只知抱怨，而不知奋进，他也由一时的怀才不遇变成了真正的外强中干，作品也越来越没有神韵。要论才华，这时B可能就真的远远落后于A了。

在这里，B最终的落魄是不公平造成的吗？我想绝不是，而是他自己造成的。他不能接受现实，不知道发愤图强，结果让自己成为最不想成为的自己，哪里还能奢谈幸福呢？

不公平的事情太多太多，有的人近水楼台先得月，有的老子英雄儿好汉，这种情况永远不可避免。但是，与其怨天尤人哀叹自己的命运，不如放宽心接受它，并且在不公平的基础上脚踏实地地增强自己的实力。从长远来看，任何事物发展的根本原因不是事物的外部，而是事物的内部。外因是变化的条件，内因是变化的根据。从这一点上来说，我们自己才是自己命运的设计师，最可以依靠的不是别人的权力和威望，而是自己的力量。就像郑板桥说的那样："滴自己的汗，吃自己的饭，自己的事自己干，靠人靠天靠祖上，不算是好汉。"

接受不公，这不是宿命的悲观，而是对生命最饱满的呼喊。就算遇到生长在穷困和战火纷飞的动乱地区的人，我也会对他们说："接受社会的不公，抓住生的希望，就算没有别人拯救你，你还可以自己拯救自己。奋斗永远都是反抗不公平最有力的武器。"

征服压力，改善自己的人生

压力会伴随着我们奋斗的一生，压力也渐渐成为我们生活的一部分。有的人在遭遇压力时可能渐渐就被磨灭了希望，打碎了理想。

但是，反过来再看的话，压力又是动力，只要你能驾驭压力，控制自己，你就会变得无往不利。

这其中的关键就在于，我们要如何看待压力。郭沫若曾经讲过："艰苦的环境一般不会使人沉没下去，但具有坚强意志、积极进取的人，却可以相互发挥作用。环境越困难，精神越发奋努力。困难被克服了，就会有出色的改变。"

英国作家柯林斯，年少读书时，同宿舍有一个凶残的同学，每天都逼迫他讲故事。如果他讲不出故事，就会用鞭子狠狠地鞭打他。

为了逃避鞭打，柯林斯只好每天用心地观察周边的事物，构思故事情节并且用心揣摩。久而久之，反而练就了出色的讲故事的本领。以后，他更是写出了《月亮宝宝》《白衣女人》等名作。

柯林斯将压力变为了动力，这是他最终获得成功的关键。

事实也证明，人在压力的驱使下能使自己的体力和耐力达到在正常情况下达不到的程度，这也是为什么一个发狂的人总有比平时大得多的体力的原因。

由此可见，有压力反是好事。我们奋斗时也需要适当地给自己制造一些压力。可是有的人却反其道而行之，不但不给自己制造压力，只要外界有一点点的压力，就去逃避，不愿再奋斗，这样的人当然也不可能得到幸福的垂青。

不过，也有一个事实，有的人在压力面前觉得自己喘不过气来，似乎丧失了做出决定的能力。遇到这种情况，我想说的是，这样的人还没有正确对待压力的心理。

面对压力，我们最需要的是内心的平静。只有内心的平静，你才能将压力转化为动力。你应该认识到，有压力是人生的过程，人生不可能总是处于高潮。既然如此，我们就不要回避压力进入我们的生活和工作，而应该试着用积极的态度去迎接它。

还有就是要正确地看待自己。我们每个人的能力是有限的，那就要认识到自己的这种“有限”，并且在达到自己的限度前停下来，以此减少一些不必要的压力。

必要的时候我们也可以适当地放松一下自己，想想自己的责任，那样就可以以一个乐观主动的心态去看待压力。

最后，要让自己有高度的社会适应能力，处理好个人发展与社会发展之间的关系，学会把自己的发展与社会的发展统一起来，这样你才不会在压力面前表现得那么无所适从。

绝望的背后是希望

裴多菲说："绝望之为虚妄，正与希望相同。"很多时候，表面上看起来让人绝望的事情，其实再往前一步就可能变为希望。正所谓"车到山前必有路，柳暗花明又一村"。

在美国有一个汽车经销商的孩子，从小活泼好动，热爱体育，是学校里的知名人物。后来，他应征入伍，在一次国外的军事行动中被一颗炸弹袭击，他被重重地炸在地上。他向后看时，发现自己的右腿和右手已经全被炸掉了，左腿也是血肉模糊，看来必须截肢。那一刻，他很想哭，却哭不出来，因为有弹片穿过了他的喉咙。

当时，战友们都认为他必死无疑，但最后他却奇迹般地活了下来。

支撑他的是他一直信奉的一句格言："绝望的背后，永远孕育着希望，苦难也最终会给你带来幸福。"正因为一次又一次地背诵这段话，他才在心中始终保持着不灭的希望。

然而，对于一个三处截肢的人来说，这个打击实在是太大了。在深深的绝望中，他又想起一句话：“当你被命运击倒在最底层以后，再能高高跃起就是成功。”

他再次站了起来，回国以后，他开始从事政治工作，先在州议会中工作，后来又竞选副州长失败。但这也没有让他失意，他又尝试驾驶特制汽车跑遍全国，甚至还发起了一场支持退伍军人的事业。他成了一个传奇式的人物。

有的时候，你认为绝望的事只是看起来绝望而已。命运从来不会给我们把路堵死，只要我们满怀希望，懂得努力奋斗，我们就可能在绝路中找到新路，再次踏上幸福的征程。

俗话不是说“天无绝人之路”吗？就算是悬崖峭壁，不也可以开凿出栈道桥梁来吗？有的人在遇到挫折和不幸时，尽是哀叹，从来不去想着找一条出路，这必定是弱者的表现。一个人可怕的，不是面对绝境，而是在面对绝境时，不知道探寻。强者，一定会是个在绝望中寻找希望的人。

其实，绝望还是希望，只是我们心念的不同而已。有很多事情，我们只是把它看成了绝望的而已，但如果换一种角度来看，不也是希望吗？

贝多芬双耳失聪，这算是给他音乐梦的最重一击。但他想的却是，虽然没有了听觉和视觉，至少他还有触觉，他一样可以做音乐。于是，他用嘴叼着木筷的一头，另一头放在琴键上，用来感觉和评判他的曲目。凭着这样一次又一次地反复练习，他竟然完成了名垂青史的作品《命运交响曲》。

我相信，只要足够坚强，绝望就永远都是希望。我们总是在人生旅途上遭遇各种各样的事情，失业、破产、大病、情伤，身处困境犹如身处黑暗中的牢笼一般，看不到希望，看不到解决的方法。但是，我们要知道，这些只是我们内心的感觉，并不是实实在在地存在。而现实的情况就是，只要我们不放弃，只要我们还有勇气，我们就能真的找回一条道路，让我们沿着希望继续走下去。

微笑着面对任何苦难

遇到艰难困苦的时候，我赞赏的是微笑应对的态度，排斥的则是沮丧自责的态度。就像俄罗斯诗人普希金说的：“假如生活欺骗了你，不要悲伤，不要心急！忧郁的日子里需要镇静：相信吧，快乐的日子将会来临。”

曾经有一位作家，在纽约街头遇见了一个卖花的老太太。老太太的穿着破旧，身体看上去很脆弱，但她的脸上却布满喜悦。

作家在老太太的花篓前，挑了一枝花，对老太太说：“你看起来很快乐。”

老太太说：“为什么不呢？一切苦难都是会过去的。”

接着，老太太向作家讲述了自己的故事：她的丈夫在他们的第二个孩子还没出世时就去世了，接着她一个人扛起了生活的重担。后来，她的两个儿子参军，在一次战争中双双牺牲。

老太太的经历很令作家惊诧，他对老太太说：“你真的是很能承受苦难。”

老太太的回答再次让作家惊诧不已：“耶稣在星期五被钉在十字架上的时候，可以说是全世界最糟糕的一天。可是三天以后，就是复活节。所以，我想，不管遇到什么苦难，只要等待三天，一切就会恢复正常的。”

是的，苦难都会过去的，我们又何必沉溺于苦难而不知自拔呢？我们要做的就是以积极、乐观、微笑的态度去面对。就像拿破仑说的：“人是从苦难道中滋长起来的，只有乐观奋斗，才能不断成长；反之则易埋没，默默终生。”

我也曾经见过像老太太那样的一个人。他也只是一个普通人，但他对待困难的态度却让我永远难以忘记。

他是一个普通的摊贩。他的小摊就摆在我租住的房子下面的空地上，卖些馒头、煎饼一类的小吃。他40来岁，每次我看到他时，他的脸上都写满疲惫。不过，他的脸上又总是挂着平和而又温暖的微笑。

他摆摊的这个地段，算得上是较为偏僻的，因此他摊位的生意也比较冷清。就算这样，他也是一直微笑着面对所有过往的行人。那时候，我不在家做饭时，早餐和晚餐几乎都是在他的小摊上吃的。

一来二去，我和他混熟了。我也知道了他的家庭非常贫困，一儿一女都在读大学，妻子卧病在床，全家的生活来源就是他的这个小摊。他在诉说这些经历时口气十分平静，看不出来有任何的怨言。

我当时还纳闷，他的这些情况，有什么能赐予他微笑的力量呢？

有一天晚上，我在他的摊点吃了晚餐，正要起身离开时，他叫住了我：“师傅，今天我运东西的车坏了，你能不能帮我搬点东西回家？”

我爽快地答应了。

当我来到他家时，我第一眼看到的竟然是他卧病在床的妻子的笑容，和他一样，平和又温暖。不久，他的儿子也回来了，脸上同样充满了笑意。

一刹那间，我明白了他为什么总是微笑，也感受到了隐藏在这微笑背后的力量。对待所有生活的不幸，他们都用微笑一一化解了。而也正是因为这样的微笑，他才得以支撑起整个家庭。不然，他的家庭可能早就垮了。

人是不应该把自己降成感情的奴隶的，你不要把全盘的生命计划、你的不幸遭遇都拿去和感情商量。无论有多难，你都应该努力地支配环境，让自己从不幸之中走出来。

微笑着面对任何苦难真是这个世界上最珍贵的财富。所以，我们不应该总是忧郁地生活，而应该给生活多些微笑。如果你坚持这样做，生活也一定会反过来给你微笑的。因为一切学问中的学问，就是怎样去打败心中的敌人——幸福和成功的敌人。时时让我们的心集中于美而不于丑，于真而不于伪，于和谐而不于混乱，于生而不于死，于健康而不于疾患——这是人生的一门必修课。

吃得苦中苦，方为人上人

在我人生最艰难的时候，我总是会告诉自己："吃得苦中苦，方为人上人。人生是一定会经历酸甜苦辣的，没有苦哪有甜？"

从另一个角度来讲，苦难也是一种财富。因为吃得了苦，在逆境袭来时，我们才会产生相应的适应力，并且发挥潜能超越痛苦，于是有了因祸得福的说法。所以我常常对自己说，要感谢生活带给我的苦难。如果我不曾寄人篱下、不曾独闯天涯，我可能就会是一个不成器的我。

"自古英雄多磨难，从来纨绔少伟男。"遍览古今中外的历史，我看不出来有任何一个伟人是不经吃苦得来的。他们每一个人都在逆境中饱尝过各种考验，经历过各种锤炼，他们有非凡的毅力去承受一切，然后，幸福理所当然就回报了他们。

肯德基的创始人桑德斯上校四十多岁时仍然一贫如洗，甚至饿得有了上顿没有下顿。就在他走投无路时，他看到一家餐厅的小广告，餐厅要招聘厨师，但薪金却极其低廉。

桑德斯上校推开了餐厅的门，一番寒暄之后他成了这家店的厨师。他的任务是烹制鸡块。他以前从没有做过这个工作，但这个工作也很简单，只需要将鸡块加好配料，放在锅里煮好就可以了。

和桑德斯上校一起工作的还有两个人。但他们都很懒，有客人来时只顾将活交给桑德斯上校，而他们自己却在一边叉腰聊天。桑德斯上校忍气吞声地做了下来。

不久，他就掌握了整个做鸡块的流程。他开始发现按照餐厅的制作方法其实是有问题的，他向老板建议改进配方。可老板却说这是家传秘方，不会有错的，让他只管专心地炸鸡块。

桑德斯上校本想一走了之，后来又转念一想，虽然在这里很苦，但也可以继续钻研怎样炸出好鸡块。

于是，桑德斯上校多了一门心思。不管老板怎么谩骂，不管同事怎么变本加厉地欺负他，他都一味承受，没有丝毫怨言。经过无数次的研制，他终于做出了比餐厅的鸡块还要美味的鸡块。

就这样，他离开餐厅，自己开起了一家炸鸡店。开张不到一年，他的小店声誉就传遍了整个肯塔基州，不到两年，蜚声美国，几年以后，这个店竟然开遍了全球。

谈到自己的经历，桑德斯上校说：“我相信苦难，因为苦难是一种人人敬而远之的味道，但我喜欢将它夹在面包里细细品尝。”

“宝剑锋从磨砺出，梅花香自苦寒来。”宏图大业从来都不是一蹴而就的，它必定经历过苦难的洗礼。不经一番风霜苦，哪有梅香扑鼻来？苦难永远在甘甜的前头，只有那些志向远大，并且吃得了苦的人才会从苦难中走出来。

音乐家奥里·布尔举世闻名，每次他演奏时都会引来人们的一阵惊叹。他的成就是怎么练成的呢？

奥里·布尔8岁的时候就经常深夜起床，拿出自己的小提琴演奏歌曲，直到长大成人，这种努力都没有间断。在这个过程中，除了贫穷与疾病，还有父亲的激烈反对，也没有让他丧失刻苦训练的决心。因为他的勤奋和刻苦，他打破了一切的障碍，最终闻名世界。

人生是很累的，你现在不累，以后只会更累；人生是很苦的，你现在不能吃苦，以后只会吃更多的苦。如果你还年轻，那就大胆地走出去，让自己接受风霜的洗礼，接受苦难的锤炼，如果你能将自己打造得意志坚韧、豁达睿智，那么幸福一定会来。

逆境中的坚持是最可贵的品质

逆境人人都无法逃避，例如出身的贫穷、工作环境的恶劣、生活中的灾变、身体上的病残等，我不否认这些逆境是给我们的幸福设置的残酷路障。在这个路障面前，有的人被淘汰了，有的人却勇敢地蹚了过去。

勇者的秘诀就是坚持，在逆境中的坚持，真可谓是世上最可贵的品质了。

俗语有言，“锲而不舍，金石可镂；锲而舍之，朽木难雕”。一般来讲，金石比朽木的硬度要高得多，但只要我们坚持不懈地雕刻它，同样能将它雕成精美的艺术品。幸福不也是这样吗？只要你坚持，尤其是在逆境中坚持，很快就能看到它的真容。正所谓“精诚所至，金石为开”。

有一支24人的小分队到亚马孙河的上游探险。在探险的过程中，有很多人因为地形、天气、身体原因，相继与外界失去了联系。

两个月以后，人们才打探出了这支探险队的情况。他们当中有23人不幸遇难，只有1人死里逃生，他就是探险家约翰·鲍卢森。

约翰·鲍卢森的生还不是因为他幸运，而是因为他的坚持。在原始丛林里，他也患上了严重的哮喘，也没有任何食物充饥，在这种情况下他坚持摸索了整整三天三夜。其间，他昏死了十几次，但每一次他心底都会生起强烈的求生欲望。这让他一次次地又站了起来，继续与死神做着顽强的斗争。他一步步坚持，一步步摸索，最终他战胜了死神，创造了生命的奇迹。

有时候想想，幸福或是成功，也许真的就只是一种逆境中的坚持。当幸福与不幸福的比例是三七开的时候，坚持的时间越长，获得幸福的可能就越大。只要是坚持，不屈不挠，你就有赢的希望。

前高盛总裁科恩自小患有阅读障碍症，有这种病症的人，大脑不能协调地处理视觉和听觉的信息。

为此，他的母亲只希望他读到中学就可以了。但科恩读到了大学，只不过并非名校。这时，所有人仍然都认为他不会成大器，他的病症将成为阻碍他职业发展的最大敌人。

毕业以后，科恩很想成为一名股票交易员。为了实现这个目标，他买了很多与股票相关的书，潜心阅读。因为阅读障碍，科恩读书的速度非常慢，要花掉整整6个小时才读到22页，可尽管这样，科恩一直坚持着，坚持着，坚持着。

那年考试，科恩顺利通过。就职之后，他又很快成为股票高手。之后，科恩加入高盛，从一个小职员一步步做起，最终成为CEO，统领世界最大的投资银行。

科恩的成功不是个案，很多名人也和他一样，有后天的缺陷，有先天的不足，但他们都有一种在逆境中坚持的可贵品质，这最终成就了他们。司马迁受宫刑作《史记》，曹雪芹饥寒中著《红楼梦》，都是逆境中坚持的可贵，愚公移山、精卫填海，昭示的也是坚持的力量，“咬定青山不放松，任尔东西南北风”赞颂的更是坚持。

在逆境中，怨天尤人是没有用的，只有将逆境看作动力，逆境才能发生质的转化，成为你幸福的助推力。

第7章

挺得过孤独，见得到幸福

奋斗，有时候无法呼朋引伴，有时候也无法得到别人的助阵，我们只能孤独地走过。可是，即便是孤独又如何呢？即使只剩一个人，我们也要坚定地走下去。孤独，有时只是幸福的一种考验罢了，能够经得住这种考验，挺过孤独，我们或许就能触摸到幸福。当然，前提是你要一如既往地勇敢前行，你要相信自己是卓越的。

有时候，孤独也是一种幸福

在奋斗的路上，我们有时靠不了任何人，只能靠我们自己。没有同行者，没有支援者，我们孤独地前行在自己的路途上。

在上海开裁缝店的时候，因为镇上有50多家裁缝店。为了从这些裁缝店中脱颖而出，我购买了自行车和BB机，上门去和卖布料的客户谈，请他们给我介绍客户。没有相同商业模式的店面，我只能自己摸索，这是事业的孤独。

在意大利工作的时候，我基本上没有朋友，四周虽然都是人，却找不到有共同语言的人。我只能同我的心灵对话，这就是人际的孤独。

我想，不管是谁，在奋斗路上都会遇上各种各样孤独的时刻。

但是，孤独带给人的，可以不是痛苦，不是抑郁，而是另一种有些幸福的感觉。

拿我骑自行车去和卖布料的客户来谈的事情来说，我的方式是和卖布料的老板沟通，给他们讲，我有很多客户可以带他们到你这里来买布料，如果他们有买布料的客户，也可以介绍给我，我给他们提成。例如一条裤子25元，我会给他们5元提成。这样，我和镇上生意最好的几家布料店都达成了合作意向，他们有意向客户时，就用BB机告诉我，我骑上自行车去给客户量尺寸。这样做了一年多，我就成了镇上生意最好的一家裁缝店。有了这样的成就，难道说我没有幸福感吗？

我们所熟悉的居里夫人，她的事业没人理解、没人支持，她只好一个人孤零零地探索。但就是在这种孤独中她却取得了成功。我敢肯定，她的内心是幸福的，因为孤独，她摘取了科学史上最难以摘取的桂冠。她发现了新元素镭，获得了诺贝尔化学奖。

在孤独的奋斗中，就算没有什么成就，只要拿出十足的奋斗精神来，挫折和逆境是可以转化为经验和优势的，在这个转化的过程中，我们同样也会洋溢出幸福感来。

人际的孤独就更容易理解了。虽然是独处，但我能够腾出更多的时间来学习、钻研，这也是一种自我的奋斗，在我们汲取了知识和经验的同时，幸福感也会自然地涌上心头。

我现在在工作之余也给一些大学生讲课。曾经有一个学生问我："老师，你一个人的时候感到孤独吗？"我说："为什么会感到孤独呢？你不是有很多事情要做吗？学习、钻研，只要你动起来，你就不会感到孤独，你是幸福的你。"

不要以为孤独会让自己落后于别人，会让自己和世界封闭。有的时候，孤独正是你探索世界的另一种方式。

就像庄子，他拒绝了楚国的权位邀请，一个人安然地乡野独处。但庄子并没有因为孤独而痛苦，相反，他是快乐的，他安贫乐道，他用孤独换来的是无数文人墨客心中的高标。

当然，在现代社会，也不要让自己孤独得太久。尤其是人际的孤独，你需要独处的空间，也需要有与别人交流的空间。不要长时间地将自己放在某一个空间里，那样你才真的会与世界封闭。

事业的孤独则不然，这种孤独可以让你与人交流、与人沟通，享受你的事业慢慢开花结果的状态。它不会让你与世界封闭，你无非只是没有同行的伙伴而已，但这不要紧，它也不是长久的状态，只要你做出成就，你就会看到追随者，看到有加入进来的人。

这样看来，无论哪一种孤独其实都不会是长久的孤独。这种孤独在奋斗路上不可避免，你完全不用把它看得有多严重，转念一想，或是换一个角度，这不正是幸福的另一种方式吗？

除了你自己，没人能够否定你

一个人在奋斗的路上唯一需要做的就是盯着自己的目标，一步步地走下去。在这条路上，你靠的是自己，而不是别人的目光或言语。

我想，这样的情况在生活中应该是比较多见的。那就是当我们有了一个比较远大的想法时，就会有好事之徒说“你不行的”“你不适合做这个”“我觉得你走不了那一步”。在别人的否定面前，可能有人真的就放弃了自己的行动，即便他的想法有可能是天才的。而有的人却有着充分的自信，他们不会受别人的干扰，只是坚定地走下去，最后用成果来回击前面那些人的言语，让他们羞愧。

哪一种最接近幸福，我想不用我多说，所有人都明白。

我们都希望获得别人的肯定，但别人的结论并不都如我们之意，因此否定常在。有的时候，就算你做得再好，也会招来质疑和嘲笑，这时候千万不要当回事，他说由他说，我行任我行。如果被别人的言语改变了心境，那我们才真的是输惨了。

我在大学的讲课中认识了一个各方面都很优异的学生，她给我讲了她的故事。

她上中学时，有一次考试，她的作文得了满分。拿到这个结果后她也很惊讶，因为平时她的作文成绩并没有过出彩的纪录。同时，她也知道，之所以这次得满分，是因为她对文字的热爱，是她坚持写文章的回报。

老师也很满意，将她的试卷在同学中传阅。可是，她听到的却是同学的质疑："就这样还能得满分啊？""她一定是抄了别人的，不然以她的水平肯定得不到满分。"

她想解释，可她也知道同学不会相信，于是她默默地忍着，心里有太多的委屈。

后来，同学们的嘲讽更加激烈："成绩不好就只有抄袭，没想到品德这么差。"

她的内心是崩溃的。那一刻，她把自己的笔记本拿出来，在同学的惊诧中，奋力地要把自己那一页页满含感情的文字撕碎。

这时，老师走了过来，拦住了她，对她说："这些都是你用心写的东西，为什么要撕碎它呢？别人可以否定你，但是你不可以否定你自己。没有人能永远生活在鲜花和掌声中，我们能做的就是努力前行。你一定要自信，任何时候都要自信。"

她将老师的话深深地记在了心里。从那以后，不管同学们说什么，她都不再理会。她努力地学习，不断地进步，然后进入了我讲课的这所大学，成了我能看到的优秀的学生之一。

是的，我们不能阻拦别人否定我们，但我们可阻拦我们自己否定自己。

不管别人是出于好心还是另有目的，他们的否定都不要放在心上，你只需要坚定地做你自己就可以了。人生最悲剧的失败，我觉得没有比因为别人的否定就怀疑自己、否定自己更大的了。人生最大的失败，就是自己把自己打败。

相信自己，一定要相信自己，自信会让一切困难都迎刃而解的。在创业的过程中，也有很多人说我只适合做衣服，不适合做生意，我想了想，觉得从我做裁缝店的经历来看，我还是能把生意做好的。这么一想，我的自信心反而更足了。结果当然大家也都看到了，那些当初说我不行的人后来都变成了哑巴。

我觉得，没有人比你更懂自己，也不会有人比你自己更了解内心的那份渴望。别人永远不能代替你，那么，你还在乎别人的否定干什么。相信自己，坚定地走下去，总有一天，你会给他们最有力的回击。

即使只剩你自己，也要坚定地走下去

“自己制订的梦想，到最后即使只剩自己一个人又如何，我还要前行，永远前行，直到看见幸福的黎明。”

这是我经常自勉的一句话。

在我们奋斗的路上，有时候遇不到吉星贵人，有时候必须孤独，有时候原本和我们一起做事的伙伴会因为各种原因离开。在这种情况下，能够前行的也许就只有我们自己。但是，就算是一个人，也要燃起完成目标的希望，你如果放弃了，那就什么都得不到了。

在历史上，玄奘的故事可以很好地说明这个道理。

唐太宗时期，玄奘出家当僧人，细心研究佛经，因感国内众说纷纭，难得定论就产生了一个大胆的想法，那就是到天竺（今印度）研究佛法。

当时，从唐朝到天竺的路途艰难，可他没有退缩，坚定地走了下去。他向西穿过八十里的大沙漠，又翻过环境严酷的雪山，经历千难万险，终于来到了天竺。在天竺，玄奘顺利取得佛经，回到祖国，他的取经壮举经历了十七年的光阴。

回到长安时，唐朝宰相房玄龄、大将军侯莫陈氏都来亲自迎接玄奘。他也受到唐太宗的隆重接见。

即使是一个人又如何？玄奘是一个人，可是他仍然在前行，然后完成了所有自己想完成的事。他回国受到唐太宗接见的那一刻，我相信，那也是他最幸福的一刻。

不要害怕只剩下你一个人，奋斗的路上有一条原则就是：挺得过孤独，才见得到幸福。

现在的年轻人，尤其是创业时期，有的看到合作者离开了就好像遭受了巨大的打击，再也提不起奋斗的精神。但是纵观很多创业的案例你会发现，合作者的离开其实是很正常的现象。

通常来讲，合作者的离开无非是利益纠纷、理念不合、合作者的成长速度跟不上公司的发展进度，又或者是合作者要去实现自己的一些愿望导致的。但无论怎样，我们都需要有一个良好的心态，不要有所恐慌，很多合作者者离开的问题都是可以通过各种途径来解决的，它不是天大的难题，只要奋斗就会有希望，最怕的是再也不奋斗了。

我们还是来说说桑德斯上校的故事。

桑德斯上校刚创业时只有他一个人，他的店开在一家高速公路的旁边。当时，很多客人都对他的炸鸡赞赏有加。可他没想到的是，由于高速公路改道，他的生意一下子一落千丈，最后只好关门歇业。

在那之后，他决定向其他饭店兜售他的炸鸡配方。然而没有一家店愿意购买他的配方，并且还不时地嘲笑他。当时，桑德斯上校已经到了退休的年龄，在这个年纪还被人嘲笑是很不愉快的事。但他仍然不当回事，选择了坚定地走下去。他开着车走遍了全国，吃住都在车上。在被别人拒绝了1009次以后，终于有人购买了他的秘方。

我知道，一个人前行是极为困难的，不仅是孤独，还有外人的不理解和嘲笑。但是，你要相信，只要我们心中有希望，就总有收获希望的一天。围绕目标，然后无论发生什么事情，都不要动摇，这是我们奋斗的基本原则。就像俗语说的“神枪手都是一枪一枪打出来的”，只有你能抓住你的目标勇敢前行，不为外界因素所左右，那你才能真的超越别人。记住，是你在掌控着自己的生活，而不是别人。

最能依靠的是自己，何不对自己狠一些

从前面的论述中我们已经能够体会到，在奋斗的路上能依靠的只有我们自己。即使别人给你的不是否定，不是嘲讽，而是帮助，但别人的帮助也不会是永远的进行时，只有你自己才是永远的进行时，你的行动决定着你的幸福，你的心态决定着你的幸福，你的性格决定着你的幸福，你的品质决定着你的幸福。

既然是我们自己，既然要先苦后甜，那我觉得，我们就应该在甜还没有到来之前对自己狠一点，自己让自己进步多一点。

你要拿出的是逼自己奋斗、学习的劲头。就像格力空调的总裁董明珠说的那样："人要对自己狠一点，不管是生活还是工作，都要严格要求自己。"

那接下来我们就说说董明珠的故事。

董明珠刚刚进入格力时，她的前任给她留下了一笔外债。为了讨回这笔债，董明珠顾不上吃喝，每天都蹲守在欠债人出入的地方，就这样

一直追了四十多天才成功地将这笔款要了回来。

当时有很多人都不理解。认为造成这笔债务的并不是她，她又何必要替前一任背锅，这么辛苦地去追债。对此，董明珠说："既然是格力的一名员工，我就要对公司负责，无论如何都要负责。"

不仅如此，在很多方面都能看出董明珠的狠劲。在董明珠的工作历程中，除了睡觉，她几乎一心都扑在了工作上。在格力，她每天都要工作14个小时，二十多年来没有休过一次年假。曾有一名企业家说她："她一有时间就去看市场，我们做老板的都做不到那么敬业。"

董明珠一生都在追求对自己的"狠"，但这个"狠"也为她带来了今天的成就。我认为，自己对自己狠，给自己转化出来的成长空间就会更大，正所谓"压力即动力"。

压力即动力，这可是一个万事万物都适用的原则，不仅人如此，自然界中的所有生物都如此。

有一种脊柱中空的鱼叫腔棘鱼，科学家曾一度以为它们已经全部灭绝。但是在1938年，人们却在南非11000米深的海底发现了它们的踪迹。那里的环境极为恶劣，压力强到即使是普通的钢铁构件也会被压得粉碎，但腔棘鱼却以生存为目标，不断给自己施加压力，最终顽强地活了下来。

幸福不会眷顾弱者，幸福也不会因为你洒下眼泪就青睐你，幸福喜欢的是艰苦奋斗的人。一个人，尤其是年轻人，如果不想尽办法对自己狠一点，就不可能超越别人，站在制高点上。

生活中不是经常能看到一些能力起初看起来不如自己的人，却升职加薪吗？一些看起来学历很低的人，却能做出让人拍案叫绝的案子，为什么？那是因为他们在你看不到的背后，对自己有着难以言喻的狠。他们可能每天都没有休息时间，在8小时的工作之外，他们付出了比别人更多的心血和汗水，他们一直在努力进修，提升自己。

正是这样，使得他们在任何的竞争中都不会落在下风。他们对自己狠的成果，成了他们工作中最大的搏命本钱。

所以，何不对自己狠一些呢？狠一些才会让你更加强大，狠一些才能让你从容应对这个世界。

坚信自己是卓越的

在幸福的潜在可能的背后，我认为自我形象占有很大的比重。

进一步来解读，那就是如果你坚信自己是卓越的，那你可能真的能变得卓越。而如果你认为自己做不成事、得不到幸福，那你就可能真的做不成事、得不到幸福。

人的心理就是由信心精心筑就的，信心与思考相结合，就成了智商与力量的来源。如果一个人不相信自己，成就便不会萌发出嫩芽。

爱默生说过：“有史以来，没有任何一件伟大的事业不是因为自信而成功的。”当你坚信自己是卓越的时，你也就为成功做好了准备。

相信很多人都知道戴尔电脑。戴尔公司的创始人戴尔，幼时父母对他最大的期望就是让他成为一名体面的医生。但是，戴尔自小就表现出对计算机的极大兴趣。上高中时，他就能将一台非常落后的苹果机反复地拆下来又装上。

父母很反感戴尔的行为，可戴尔却反驳说：“我会开一家电脑公司。”但他的父母还是想尽各种办法想让戴尔成为医生，只有戴尔自己内心对自己有一种强烈的渴望，他也相信自己一定可以在计算机领域有所成就。

虽然他后来按照父母的意愿考进了一所大学的医科。但第一学期，他就在宿舍里卖经过他改装升级的IBM电脑，这些电脑都是戴尔从零售商那里买的便宜货，但经他改装以后，这些电脑不但性能优良，而且价格便宜，很快成了学生们的抢手货。甚至附近的法律事务所和不少小企业都成了他的主顾。

就这样卖了一学期的电脑，戴尔对他的父母说自己要退学。父母很气愤，但出于无奈。他们同意让戴尔在假期里售卖电脑，如果销售不好，他就得放弃。戴尔这时更有充分的自信，很快奇迹就出现了，戴尔电脑假期中突破了3万美元的销售额。

这下，父母不再阻止戴尔，他有了更大的施展空间。

于是戴尔公司成立了，并且打出了自己的品牌。良好的经济效益在短期内吸引了投资商的目光。第二年，公司成为上市公司，23岁的戴尔成为拥有1800万美元的公司老总。10年后，他成了第二个比尔·盖茨，拥有几亿美元资产。

从戴尔的故事中我们可以很明显地看到，坚信自己是卓越的力量。

坚信自己是卓越的，其实是我们自己在守护自己，它能让我们在任何困难和艰险面前傲雪凌霜。

坚信自己和幸福的关系，很像是蒸汽机和火车的关系，它是幸福的主要推动力。这种坚信的状态还具有感染性，所有与坚信自己的人接触的人，都会感受到他们强大坚忍的意志，也会受到他们的积极影响，培养他们的自信性格。

决心获得幸福的人是不会被失败击倒的，而是在受到打击以后，仍然能够坚信自己是卓越的，继续为成功打拼。

我在上海开裁缝店时，有一个同行和别人不一样，她是一个没有右手右脚的残疾人，但是她的手艺真的让我很赞叹。

她年幼时，家里遭了火灾，当时她就在家中，被抢救出来时，她的右手右腿已经严重烧伤，不得已只好截肢。一开始她极度自卑，总是把自己锁在家中，不肯出门。

有一天，她的父亲实在忍受不了了，大声地对她说："不要害怕你的生活就要结束，你应该担心的是生活永远不会真正开始。最可怕的敌人，就是不能坚定地相信自己是卓越的。社会不会耻笑那些在地上攀爬的人，而会耻笑那些不愿迈开脚步的懦夫。"

听了这句话，她猛然警醒。从那时起，她相信自己也能和正常人一样。在这种信念的驱使下，她忍着剧痛，学会了拄拐行走，学会了生活自理。二十岁时，她又学了裁缝，残缺的身体竟然学得比很多正常人要好。不久，她就有了自己的裁缝店，并凭借精湛的手艺赢得了很多客人的赞赏。

幸福不会无缘无故地降临在我们头上。决定我们幸不幸福的关键之一，就在于我们在奋斗中有没有相信自己是卓越的坚定信念。没有这种信念，人就好比是一块没有安装电池的手表，无法让生命的时钟运行；拥有了，你就会惊异地发现，你极其渴望和努力为之奋斗的目标完全能够实现。

米歇尔·雷诺兹说："依靠自己，相信自己，这是独立个性的一个重要成分，是它帮助那些参加奥林匹克运动会的勇士夺得了桂冠。所有的伟大人物，所有那些在世界历史上留下名声的伟人，都因为这个共同的特征而同属于一个家族。"

只有坚信自己，我们才能感受到自己的能力，真正全力以赴地奋斗起来，这种信念是任何其他东西不能代替的。

战胜自己就等于战胜了一切

人生最大的挑战其实是和自己做斗争，这是因为其他的困难或是敌人都容易战胜，但唯独自己是最难战胜的。我记得有人这样说过：“自己把自己说服了，是一种理智的胜利；自己被自己感动了，是一种心灵的升华；自己把自己征服了，是一种人生的成熟。大凡说服了、感动了、征服了自己的人，就有力量征服一切挫折、痛苦和不幸。”华为的任正非也发表过一篇题为“狭路相逢勇者胜”的讲话：“前程的艰险让我们始终不能开怀畅饮。最大的敌人是自己，能不能战胜自己，是我们取得胜利的关键。狭路相逢勇者胜，我们一定要冲过自己的心理障碍。”

是啊，一个人能把自己说服、感动、征服，那还有什么是不可以战胜的呢？

成功者与失败者之间的距离看起来十分遥远，但实际上，他们的做法只隔了一层纸。失败者败给的不是事情，而是自己，他们没有打败自己心理上的敌人，于是他们惧怕失败，没有信心，遇到麻烦就不断地给自己制造心理上的紧张和压力。

但是成功者却不一样，他们坚信自己能做到，也有勇气说服自己、打败自己。

我记得美国有一位名叫凯丝·戴莱的女士，她有一副好嗓子，一直梦想着成为一名歌星。但是，她的嘴巴很大，还长有龅牙。她第一次上台演唱时，极力地用嘴唇掩盖自己的龅牙，她以为那样会让自己很有魅力，没想到观众却只认为她的动作滑稽可笑。

有一位男士当场就给她讲："你根本不必掩藏你的龅牙，你要做的是尽情地张开嘴巴，把你的嗓音美妙地展现出来。这样，即使你龅牙也不会影响观众喜欢你的，甚至，它还可能给你带来好运。"

凯丝·戴莱听从了这位男听众的劝告。从那以后，她再不掩藏自己的龅牙，每次上台都尽情地张开嘴巴，发挥自己的潜能和特长，后来，她竟然成了美国影视界的大明星。

一个人要战胜自己，重要的是让自己树立起信心。胜人者应先自胜。

战胜自己，还有一点很重要的是，不要给自己设限，不要认为有些事情是做不到的，其实，只要你去做，就会有成功的可能。

在以前，人们一直以为在四分钟之内跑完一英里（约1609米）的路程是绝不可能完成的事情。可是1954年5月6日，美国运动员班尼特斯却打破了这一纪录。

有很多人惊奇于班尼特斯做到了这一点，纷纷询问他的秘诀。在一次记者招待会上，班尼特斯说：“当我跑得快要接近这个纪录时，我就知道，我一定能在四分钟内跑完一英里。我大喊之后，在教练的指导下，进行了艰苦的体能训练，最终我跑出了3分56秒6的成绩。”

更有趣的是，在班尼特斯之后，有更多的人超越了这一纪录。

班尼特斯的故事告诉我们，人生的高度是没有限制的，除非你自己给自己设了限。相反，如果你有强大的信心来做它，你就真的会做到那些被看作是不可能的事，即便你真的有某些缺陷又如何，这些都不能阻拦你。

人有了信心的时候，就会产生意志力量。人与人之间，幸福程度强弱的差异，说到底也是一种意志力量的差异。人一旦有了意志的力量，就能战胜自己的很多缺陷。例如，当你需要勇气时，你就能战胜自己的懦弱；当你需要勤奋时，就能战胜自己的懒惰；当你需要廉洁时，就能战胜自己的私欲；当你需要谦虚时，就能战胜自己的骄傲；当你需要宁静时，就能战胜自己的浮躁。

一个人有了信心，有了意志的力量，就具备了敢于挑战自己的素质，就能做成在这个世界上能做的任何事情。

第8章

幸福源自内在的自我丰富

人生路上，有的人得到了幸福，有的人却离幸福越来越远。这是因为，幸福有时候并不在于你拥有了多少，而在于你是否有着内在的自我丰富。创造内在的自我丰富，就需要我们让自己成熟起来。当你的眼界开阔了，当你的心胸正直了，当你知道了幸福的本质以后，你的奋斗就离幸福不远了。

只有观世界，才有世界观

我常常说：“只有观世界，才有世界观。”所谓观世界，就是增加自己的阅历，多去世界各地看一看，多与各种人交流，这样才能拓宽我们的眼界，让自己的观念能与世界接轨。

我们中国有个很古老的成语故事，叫“坐井观天”。当一个人把自己局限在一个很狭小的空间里时，他对世界的认知也会停留在很小的范围里，而这个范围里的认知本身就是有局限的。相反，一个人走出去了，把自己放在了更广阔的天地间，那他的认知一定不会和以前一样。

现在回想起来，我在意大利的经历就让我受益匪浅。在意大利工作期间，我见到了太多服装界的先进款式和理念，这对我后来回国创业、做出前沿时髦的衣服可谓是帮助巨大。

在这里，我说一个在服装界很有名气的皮尔·卡丹的故事，他也可以说是跳出自己的狭小空间，在观世界后成就了大幸福的例子。

皮尔·卡丹自小对做衣服很感兴趣。十几岁时，他的手艺就超越了他的师父，在他家乡的镇上小有名气，当地的一些小姐们还经常上门请他设计女装。

不过，皮尔·卡丹并没有感到满足。他觉得，自己的家乡实在是太小，在这里他不可能展翅高飞、实现他的远大志向。他知道，巴黎是时尚之都，于是决定去那里闯一闯。

不久，皮尔·卡丹就告别父母，带着干粮，骑着一辆破旧的自行车来到了巴黎。

在巴黎，皮尔·卡丹受雇于一家时装店。在这里，他潜心钻研，拜师结友，在世界最前沿的时装熏陶下，他大开眼界，受益匪浅，手艺也进步了很多。

1950年，皮尔·卡丹倾尽自己的所有积蓄，在巴黎开设了第一家戏剧服装公司，从此一发不可收拾，先后三次荣获法国时装的最高荣誉大奖——金顶针奖。

没有这次巴黎之行，我想，只是那个狭小的家乡小镇是无法成就皮尔·卡丹的。同样，没有我的意大利之行，我也不可能有接轨世界时装潮流的观念。

因此，我说一个人应该走出去，千万不要自己把自己限制住了。尤其是在自己还没有走出去之前就固执地认为自己的世界观是正确的，并且在自己的原则里生活得自在快活，就像那只井里的青蛙一样。这样的人，放在别人眼中，就是一个故步自封的笑话。如果他们走出自己的方寸空间，很可能就会豁然开朗，然后惊喜地感叹："原来世界是这个样子的啊！”

这就是不走出去和走出去的差别。

那么要如何走出去呢？

一是前面我讲到的去各地闯一闯，多去做一些大事情。例如，你原来待在小县城里，那不妨就去大城市走走，你原来只在国内钻研，那不妨就去国际上该领域领先的地方看一看，你原来只在自己的圈子里聚会，那不妨也去看一看别人的圈子，这些都是很好的方法。

第二个方法就是提升你的能力。俗话说“站得高才能看得远，看得远才能做得好”，如果你想要看得更远，你就得首先要站到高处才行。想要站得更高，那又得首先要超越自己，在自己工作的领域里成为专家，成为第一。

只有观世界，才有世界观。你可以通过我说的这两种方法去看一看这个世界，它一定会改变你固有的一些观念，让你获得真正意义上的幸福。

用爱心换福报

在获取幸福的过程中，爱心是很重要的。因为爱心是有能量的，爱心的强弱程度，或是说有没有爱心，是会给自己带来不一样的回报的。

有这么一个故事：

这是一个从越战中归来的士兵的故事。当时，他在旧金山给父母打电话，对父母说：“爸妈，我回来了，可我想带一个朋友和我一起回家。”“这很好啊，我们也很高兴见到他的。”

听了父母的话，他继续说道：“可是有件事我想告诉你们。我的这位朋友，在越战中受了重伤，失去了一条腿和一只手臂。他如果不是走投无路，我也不会让他回家和我们一起生活。”

听了儿子的话，他的父亲说：“儿子，我很遗憾，他这样的人对我们的生活会造成很大的负担，我们不能接纳他。我建议你先回家，然后忘了他，他会找到自己的一片天空的。”

儿子听了以后什么也没有说，挂断了电话。

几天后，这对父母被旧金山警局告知，他们的儿子坠楼身亡了。他们伤心欲绝地赶往旧金山，在警方的带领下去辨认儿子的尸体。令他们震惊的是，那的确是他们的儿子，可儿子却是一个失去了一条腿和一只手臂的残疾人。直到这时，这对父母才意识到，儿子要带回家的残疾人不是他的战友，而是他自己。

因为少了爱心，这对父母经历了丧子之痛。

相反，我们来看另一个故事。

有一个穷苦的学生，为了凑足学费不得不挨家挨户地推销商品。因为他一心一意地要凑足学费而不愿意多花钱，他只好硬着头皮去向别人讨些食物。

他敲开了一家人的屋门，见到了一个小女孩。他心里想：天下哪有跟小女孩讨东西吃的人？因此他放弃了讨要食物的本意，只说是想要找些水喝。

小女孩看出了他的饥饿，转过身去拿了几块面包和一杯开水给他。他赶紧接过来，狼吞虎咽地将这些食物吃下了肚。吃完以后，他对小女孩说："谢谢，我应该给你多少钱？"小女孩没有要。

这使他觉得自己很幸运，因为在陌生的地方也能得到别人的照料。后来，他凑够了学费，修完了医学课程，成了一个名医。

有一天，他接待了一位病人。第一眼他就认出那是多年前给他食物的小女孩。当时，她的病让很多医生都束手无策，最后找到他这儿。在他的全力治疗和长期护理之后，她逐渐康复了起来。

出院那天，这位当初的小女孩看到自己的账单。她原本以为那一定是自己负担不起的天文数字，没想到，打开看到的却是签名栏下的一段话：“一杯开水与几块面包，足够偿还所有的医疗费。”这一刻，她的思绪才又回到了多年前她给一个青年送食物的那一刻。

通过两个故事，我想说的是，爱心是能给我们换来福报的。如果我们能够无怨无悔地去爱别人，那么我们也一定会得到幸福的回报。爱心是有能量的，你付出了爱心，别人也会以爱回报你。你若对别人冷漠，别人也会回报于你冷漠。

现在我总是尽我所能地去爱我的员工。而我也真正感受到了爱心的能量，因为我的员工们在工作上也变得非常积极，不遗余力地做着一切。

不仅如此，爱心也会影响我们的思维。如果一个人缺少爱心，缺少对弱者的同情，有的时候就会做出错误的决定。就像上文故事中的父母一样。因为事实上，你面对的不幸可能只是一个假象，这个假象是对你情感的一种考验。而爱心，有的时候才能替你做出正确的决定。

福克斯说：“只要你有足够的爱心，保持尊重的宽容，你就可以成为全世界最有影响的人。”

要给人以爱，首先就要在人际交往中创造一个温暖、欢快的气氛，这是培植爱心的土壤。并且要经常抽出时间来和家人朋友交流，这样也能加深你对他们的理解；其次，在与人交流感情时，要接受他们的爱意并且表达你的感情，不要压抑自己的感情，因为那样别人是体会不到你的爱的；还有就是要信任和尊重别人，这是爱的基础。只有相互尊重的爱才能得到升华。

爱心，不只是给家人、朋友，也不只是给陌生人，我认为，就是对仇人也要适当地表现出你的爱心。我认为，不管是对谁，有怨恨的心理都会阻拦我们得到幸福，就如莎士比亚说的："不要因为你的敌人而燃起一把怒火，热得烧伤你自己。"而有爱心就不一样了，对待仇人，用爱心替代怨恨，那幸福才会向你慢慢涌来。在这一点上，每一个聪明的人都会有所感悟，他们更懂得去调节自己的心理，因为他们知道，生别人的气不但会伤害自己，更会把时间耽误在这些乏味的事情上，这是很没有意义的。

有一个故事：从前有一个王子，他衣食无忧却整天愁眉紧锁，这让老国王非常担心。

有一天，一个魔术家走进宫里，对老国王说，他能让王子快乐。老国王高兴地说："如果能这样，我愿意给你任何赏赐。"

魔术师找到王子，交给他一张纸，让王子带着它走进暗室，点燃蜡烛，看看纸上写了什么。王子遵命而行，在暗室里，他看见纸上的图画呈现出奇异的光彩，一行大字特别耀眼，那就是："付出爱心，每天为别人做一件在你看来能帮助他们的事。"

王子真的去做了。很快，他就变成了一个内心欢愉、神情快乐的少年。

一切从爱出发，以福乐结尾，就是幸福的一大法门。

诚信是你最大的资本

人是应该讲诚信的。在这么多年经营公司的经历中，我最高兴的并不是我赚了多少钱，而是我交了多少朋友。因为诚信，我能够很快地和别人打成一片，获得他们的信赖，他们也会给我带来更多的生意。

诚信，可以说是人最重要的资产了。可是，我发现有些人却并不这样看。

举个很简单的例子。我们在生活中要求别人做什么事情时，他们的反应总是“好的、好的”。有时候我们一听，就放下心来。可是过了一段时间，我们就会发现自己放心得太早了。因为他们只是在口头上给了我们承诺，但并没有在行动中去完成，这就是不诚信的人。当然，这样的人最后也会失去我们的信任，让我们不再愿意与他交往。

换一个角度，假如这样的人是我们自己，那么别人也不愿意和我们交往。诚信既然是最大的资本，那么失去了诚信的人，自然也就失去了一切。

有一个很富有但又很吝啬的人丢了一个装有50万现金的公文包。在怎么也找不到的情况下他选择了报警，声称谁要是捡到这个包并归还给他，他会付给这个人5万现金。

不久，就有人将包送到了警局。富人见到自己的包失而复得，很高兴，但同时也心生悔意，不想再付酬金给拾包人。于是他对警察说：“包内应该有55万现金，而现在只有50万了。”

警察发现包没有被打开的迹象，其他地方也没有被破坏的痕迹，便对富人说：“你真的确定包里有55万现金？”“是的。”

警察听后说：“那好吧，这样说的话这个包原来不是你的。因为里面只有50万，你还是先回去等消息吧。按照规定，如果六个月内这个包无人认领的话，它就将归属于捡到它的人了。”

因为不诚信，富人失掉的是自己巨额的资本。

所以诚信很重要。诚信包括，答应了别人的事要做到，答应了自己的事也要做到。诚信=讠（言）+成+亻（人）+言。组合起来的意思就是，一个人要想成事，就必须要言而有信，说话要对自己负责，也要对别人负责。这是我们做人的立身之本。一个诚信的人必然会受到别人的尊重，也会得到更多人的追随和帮助。反过来，在别人的追随和帮助中，你又能赚到更多的钱，成更大的事。

几年前，有个地方遭遇了一场大洪水，当地出现了粮食短缺的情况。

有一天，某公司的运货员回收了一批有问题的粮食。在返回的途中，他们的车停在了一个经销店面前。现场有很多人，大家一看是粮食，纷纷提出要购买。

运货员向人们解释这批粮食是有问题的。没想到却引起了人们的误解，他们以为这家公司一定是想囤货投机，于是人越围越多，有几个记者也加入其中。

无奈之下，运货员再次解释：“请大家相信我，我绝不是想投机。只因为我们公司的规定特别严，这批粮食有一部分被洪水浸泡过，是有问题的。如果我将粮食卖给你们，我就会被解雇，因此请你们谅解。”

由于大家急需粮食，后来经过调解，又经过严格的挑选，那些没受浸泡的粮食后被“强买”一空。

后来，几家记者都报道了这一事件，成了当时的一个大新闻。这家公司的声誉也一下子起来了，因为诚实无欺，给消费者留下了很深刻的印象。

人无信不立。不管我们做什么，都要把诚信当成一件大事来对待。即使是给自己的承诺，例如制定了一个目标，三个月要减肥多少斤、每天要早睡早起等，都要严格执行。这种诚信也是一种自律的表现，而越自律的人，当然也是越能成功的人。

回到诚信上来，如果是对别人的承诺，不诚信的人就算把话讲得再好也会被别人看穿，给自己造成不必要的后果，甚至是引来大麻烦。他们失去的不仅是别人的信任，还可能是自己生存的空间。“他这个人答应得挺好，可过后就不办事，上次我托他办的那件事，到现在连个音都没有”，这样的话在朋友中传播开来，试想他今后将何以处世?

在人际交往中，我最为看重的就是那些“言必行，行必果”的人，我也相信这样的人一定会取得最后的成功，也能收获别人的尊重。

永远保持谦逊的态度

在生活中，我们有一个无法回避的事实，就是我们每一个人的能力都是有限的，没有哪一个人能做到万事皆通。因此，三人行，必有我师。就算你拥有一些自认为了不得的才艺，也要记住，你现有的还微不足道，需要学习的还有很多。如果没有这种谦逊的态度，我认为你也会离失败不远的。

话虽这样说，可现实情况却是，有的人在取得了一点点成就以后就觉得天大地大不如我大，变得骄傲自满，听不进一点良言，谦逊被他们抛在了九霄云外。这样的人无疑是肤浅的，事实情况却是，那些能力比他大得多的人，取得的成绩也比他的响得多的人，却始终保持有一颗谦逊之心。

有一次，著名作家玛格丽特受邀参加一次世界笔会。

当时，玛格丽特衣着简朴、态度谦逊。反倒是坐在她旁边的一位匈牙利作家趾高气扬。当然，那人并不认识玛格丽特，她还以为玛格丽特只是一位名不见经传的人物。

会上，她问玛格丽特："你也是一位职业作家吗？""是的。"

"哦，你写过什么著作，可否告诉我？""谈不上大作，只不过是偶尔写一些小说罢了。"

"你也写小说？看来我们是同行。我到现在为止出版了一百多部小说了，你写了多少部呢？"

"不好意思，我只写过一部，它的名字叫《飘》。"

听到这里，那位匈牙利作家张大了嘴，再也说不出话来。

谦逊的人往往一鸣惊人，而那些自以为是的才会处处宣传自己，但是从来不会有人记得他们。不仅不记得，他们因为自以为是会失去为人处事的准则，结果，他们就在骄傲里毁灭了自己。

所以，不要一有成绩就扬扬得意，要始终保持谦逊的态度。你要记得这样一个道理，自大是失败的征兆。就像美国汽车大王福特所说："一个人如果自以为已经有了许多成就而止步不前，那么他的失败就在眼前了。许多人一开始奋斗得十分起劲，但前途稍露光明后便自鸣得意起来，于是失败立刻接踵而来。"石油大王洛克菲勒也说："当我的石油事业蒸蒸日上时，每晚睡觉前总是拍拍自己的额头说：'别让自满的意念搅乱了你的脑袋。'我觉得我的一生受这种自我教育的益处很多，因为经过这样的自省后，我那沾沾自喜、自鸣得意的情绪便可平静下来了。"

谦逊，不仅是在人前保持谦虚、不露锋芒、好拜人为师、尊重别人、绝不在别人面前颐指气使外，还能在别人批评你时能够静下心来反思自己，虚心接受。

我国有一个成语“虚怀若谷”，说的就是谦逊，要谦逊到什么程度呢？那就是胸怀要像山谷一样宽阔。只有放空心胸，让它容得下东西，你才能随时走在前进的路上。所谓“花要半开，酒要半醉”，凡是鲜花盛开娇艳的时候，不是立即被人采摘，就是衰败的开始。人生也是这样，当你志得意满时，趾高气扬、目空一切、不可一世时，你也会被人当靶子打，或者是自己走上下坡路。

因此，我们要好好学一番涵养的功夫，让自己保持谦逊，永远地保持谦逊。

形象是你的一张名片

有人说“你的形象价值百万”，从这里也可以看出，形象对一个人的重要性。

自从开始创业后，我就很注重个人形象，因为我本身就是做服装的，如果我连自己的形象都打理不好，那又如何能赢得客户的信任和青睐呢？因此，每一次出门我都会精心地整理自己的衣冠和仪容，并且努力让自己的心态做到最优，我希望自己能一直以一个干净、整洁、神采奕奕的样子出现在众人面前。

我认为，形象就是我们展示在别人面前的一张名片。这个形象不仅包括我们的脸庞、身材，面部的微笑和潇洒的举止，也包括一些内在的东西，例如我们的思想、理想抱负和个人价值、人生观等。

罗伯特·庞德说：“大多数不成功的人之所以会失败，是因为他们首先看起来不像是一个成功者。再者，他们看起来就不想成功，或者是根本不知道什么是成功，或者是当成功的机会来临时他们也不知道如何把握成功。”形象的重要性由此可见一斑。

这里我说一个我见到的真实的事情。

有一个小伙子刚刚应聘上了一家公司的经理助理，这本来是一件高兴的事。

可有一天，快上班时，小伙子却慌慌张张地跑来。在他前面有几个西装革履、衣着整洁的客人刚走进电梯。但是这位助理丝毫没有感觉到自己的形象有多么差，他一手拎着公文包，一手拿着刚买的早餐，像风一般地冲进了电梯。

当时电梯里的一个人正是这家公司的老板。老板正带领客人去办公室谈生意。见到这个助理，老板立即皱起了眉头，一言不发。由于老板平时不常露面，小伙子根本不认识，因此他还不顾别人的嫌弃，在电梯里就大快朵颐起来。

因为这件事，小伙子不久就被调离了助理的岗位。自始至终他也不知道自己为什么会被调离。

从这个故事中，我们也可以看出形象的重要性。看一看现在那些成功的企业家、行业领袖和政治家，他们身上自然就有一种魅力，而这些魅力都是他们自己塑造出来的。

一位英国企业家说过："如果你认识昨天的我，那么你就会说今天的我与昨天简直判若两人。是啊，这并不奇怪，因为我现在的举手投足都经过了精心的设计和训练。"一位日本企业家也说过："我在走上董事长岗位之前，公司对我进行了精心的形象设计与培训。因为我要代表一个企业，必须抛弃原来大众所不认同的形象，以新的形象上岗。为此我不得不进行专门的训练。”

要保持一个好的形象，除了对自己的言行举止、自我修养进行一番设计和训练外，我觉得很重要的一点是让衣着为你增色。

美国的著名商人希尔在开始创业时就意识到了衣着的价值。为此，他几乎花光了自己的所有积蓄，请裁缝给他量身定做了三套昂贵的西服。之后，他又借钱购置了最好的衬衫、领带。

从那以后，他每天都穿着崭新的衣服，在同一时间，同一地点与一位富有的出版商“邂逅”。每天，希尔都会和出版商打招呼、聊天。

一个星期以后，出版商对他产生了好奇，对他说：“你看起来混得还不错。”

接着，出版商问起希尔的职业，希尔趁机说：“我正在筹备一本新刊物，准备近期出版。”出版商立即说：“也许我可以帮到你。”就这样，希尔有了和出版商共进午餐的机会，会谈中，两人顺利地谈妥了各项合作协议。

就这样，希尔成功地筹集到了杂志刊发需要的资金。当然，其中的每一分钱都来自于他的服装创造出来的“广告效应”。

在社交场合，衣着的力量是不可忽视的。

一个人如果穿上一套得体的衣服，就仿佛把自己的身份也提高了一个档次，而且在心理上也增强了自己交际的信心。在别人还没认识你之前就已向别人透露出你的素质，这会让你事半功倍。

此外，如果形象塑造好了，这样坚持一段时间你也会发现自己的自信心有了显著的提高，交际能力也有了很大的改善。这样，你才能争取到更多与人合作的机会。

合作方可成就业绩

我们前面说过，即使只剩你自己，也要坚定地走下去。但这里我要说的是，孤独地前行是被动的，是在万不得已的情况下进行。在奋斗的路上，我们要主动去做的是什么呢？是找合作。

如果不是被动地只剩你自己，那么合作永远比单打独斗要更接近幸福的时光。为什么要合作呢，因为我们最好不要把自己塑造成一座孤岛，而且，我们没有哪一个人是有三头六臂的。我们也许在某一方面有优势，但在其他方面却有着很大的劣势，而合作就可以让我们取长补短、共同前行。

现在可谓是一个全球经济一体化的时代，在这种情况下，我们更需要合作的精神。特别是在多元文化的团队中，我们还要与不同肤色、不同文化的人合作，与他们融洽地共事，创造更好的业绩。

还有，合作也可以把自己的想象力和别人的想象力结合起来，做到集思广益。每个人把心智集合起来，就是一个强大的能量集合体，这样我们的行动才可能取得出人意料的结果。这些都是一个人单打独斗所不具备的。

看看现在的创业团队，基本上都是合作制胜。

例如腾讯公司，马化腾在创业时，找了几个朋友，这些人各有专长，马化腾说："曾李青负责市场，长的派头很像老板；张志东是学霸，实践能力超强；陈一丹是政府部门出来的，对行政、法律和政府接待都很有经验。"在这个创业团队中，每个成员都有专长，互不冲突，互相弥补，通过合作，共同促进了团队的发展。

所以，我们一定要学会合作，合作是你创造更大业绩的前提。

合作可以分为两种，一种是团队内部的合作，一种是与外界的合作。在团队内部的合作中，首要的一点是先从自己做起。在这方面我给出的建议是：

1.保证自己个性的良好平衡，避免走向极端；

2.在执行集体的工作中占据主动；

3.在与自己共事的人中寻找积极的而非消极的品质；

4.对别人表示寄予最大的期望；

5.保持足够的谦逊，当别人的行为应该受到尊敬时，要给予别人最大的尊敬。

我们在获得幸福之前，先要得到别人的尊敬，一个言辞锋利、自高自大、待人冷漠的人是不可能赢得和别人的真诚合作的。因此，合作不能靠命令来维护，而是要尽力想办法让大家心甘情愿地合作，这对创业的成败至关重要。

一般情况下，人们都希望自己得到这样一种赏识：承认自己所做的工作是有价值的，是值得花时间和精力去做的，是能得到认可的。在团队内部的合作中你要明白这一点，适时地给他们支持而不是反对，并且给他们与他们才能相称的、有意义的工作，并且用人不疑，疑人不用。同时，你还要多为别人设想，永不在背后中伤别人。这些都是基本的团队合作原则。

与外界的合作也要秉持真诚、谦逊的原则。你需要着重考虑和别人的合作机会。好的合作才能形成强强联手、相互帮助的格局。这样的策略也可以让你在竞争中一直保持领先。

你成就了多少人，才有多少人成就你

可以看到的是，每一个取得成功的人都得到过很多人的帮助。因此我们也应该把帮助别人作为回报，这是关于幸福的公平规则。

也就是说，你应该先去帮助别人、成就别人，然后别人也会反过来帮助你、成就你。你的付出，或者是奉献是这个规则的前提。你成就了多少人，才有多少人成就你。

有一个很形象的比喻可以说明这一点。那就是，如果我们以自己为中心，以个人的利益来画一个圆的话，你的成就就只是一个点，而当你以团队为中心，尽力地去为团队谋福利的话，你的成就就是整个团队的，你是团队的领袖，当你以地球为中心，为全人类都谋了福利的话，你的成就也会最大，因为全世界都会感谢你。

所以，帮助别人成功，帮助别人获得幸福，是我们追求个人成功、幸福的最保险的方式。我们每一个人都有能力帮助别人，而一个能够为别人付出时间和精力的人肯定是富足的。因为真正的帮助不是为着获得回报来的，你只是施舍出去你的爱、你的慷慨、你的能力所及，而你不会纠结。这样，你的内心就是富足的。

事实上，你越不求回报，别人越会回报你，这是帮助别人的定律。

现在世界上仅存的植物中，美国加利福尼亚州的红杉可谓是最高、最雄伟的了。一株红杉大约相当于30层楼的高度。

有科学家曾经深入研究过红杉，发现了一些奇特的事实。那就是按常理来讲，树长得越高，它的根就应该扎得越深。可红杉不一样，它虽然是最高的植物物种，可它的根却只是浅浅地浮在地表罢了。

再按常理来讲，根扎得这么浅的植物应该是比较脆弱的，一阵大风就可能将它吹倒。可红杉却表现得极其强韧，屹立不倒。

原来，红杉都不是单独存在的，它们必定长在一片红杉林中。这一大片的红杉林，彼此的根都紧密相连，盘成一大片。因此，自然界中再大的风也无法撼动一整片红杉林。除非风大到能将整块地皮掀起。

红杉的浅根也是它能长得这么高大的利器。因为根浮于地表，它们能够快速方便地吸收水分，使自己快速成长。同时，它也不用耗费能量来将根扎得特别深，省下的这部分能量就可以用来滋养自己的成长了。

造物主自然地给了我们一些成功和幸福的启示，看看红杉就知道了。一整片的红杉林，其中的红杉互相帮扶，然后每一株红杉都换来了自己的高大雄伟。你帮助的对象越多，反过来，你收到的帮助也会越多。

佛经中也有一个故事。有两个人被召集到佛祖面前，佛祖说：“你们当中，一个要成为索取的人，一个要成为布施的人，你们如何选择？”第一个人认为索取可以坐享其成，很舒服，于是抢着做了索取的人，第二个人没有别的选择，只好做了一个布施的人。

佛祖满足了两人的选择，第一个人成了乞丐，整日索取，接受别人的施舍，而且他也常因索取遭到拒绝而苦恼，每一次乞讨都有难以名状的压力。第二个人成了富翁，不断地将财物施舍给穷人，在这个过程中，他不但无比幸福，而且获得了人们由衷的尊敬，乡里也将他的事迹载入史册，刻上石碑，供人世世代代敬仰。

第二个人因为成就了别人，自己也得到了别人的敬仰，第一个人不会成就别人，自己当然也得不到别人的成就。只有能帮助更多的人成功、获取幸福，你自己才更能成功，更能得到幸福。就像彼此帮助的红杉，不断施舍的富翁，在这就互相成就的过程中，创造出了傲然于世的伟业。

我们常可以发现，在工作中，职位与成就是对等的，在社会中，尊崇与成就也是对等的，就是如此。在工作中，你为团队做出了多少，帮助了别人多少，所有人都是看在眼里的，团队成员也会心甘情愿地拥戴你成为团队的领袖。在社会中，你帮助了多少人，人们也会感谢你，用各种形式给你殊荣、给你帮助。

第9章

奋斗让我们最终都能与幸福相遇

我们渴求幸福，但也须明白幸福是奋斗出来的。幸福的前提就是奋斗，奋斗也是幸福的唯一路径。只要我们奋斗，用正确的方法奋斗，那么我们每一个人最终都能与幸福相遇。只有奋斗的人，才是触摸幸福最真实的人。

奋斗的人永远不会输给现实

现实中的你是怎么样的？是安于现状的庸庸碌碌，还是走在奋斗到底的路上；是受到现实的打击以后就一蹶不振，还是看准目标，不管不顾地往前冲？

输给现实，另一个表达就是跟现实妥协。有的事情做了几次做不到就放弃了；有的朋友，交了几次不好结交就拒而远之。总之，在两三次的打击之后就单纯地认为，这就是现实，我无能为力。

醒醒吧，谁说你无能为力了，你还可以奋斗的。

不要以为别人的光环只是别人的，别人的成就只是别人的，不要只是看了看自己的情况就妥协了，我可以很负责任地告诉你，只要你细心地去思考如何让自己生活得更美好，并且全力以赴地去奋斗，你也会做得到。

曾经我有一个助理，毕业于吉林动画学院的应届大学生魏瑶，是标准的“90后”妹子。在经历了毕业后的短暂迷茫后，因为偶然的原因，通过她父亲结识了我，在我身边做了6个月的助理工作。受到了公司环境的影响，她非常努力，勤奋好学，每天第一个上班，最后一个下班。不到三个月时间，对公司的全网营销、智能制造一系列创新技术及营销了如指掌。在经过这段时间在公司里的锻炼和经历之后，看到巴蒂米澜全国各加盟商加盟了公司都快速地赚了钱，她决定拿下公司私人定制的新疆代理权，回到了家乡奇台县之后，创建了整个新疆的第一家“巴蒂米澜小裁缝定制体验店”。再加上她永不服输的精神，开张当月就回本，收回了所有投入的成本，也赚到了属于她自己的人生第一桶金，成功地开拓了新疆这个大市场，并在此立足。目前，在短短的半年里，已在新疆各地州开设了有六家加盟店。在古老的丝绸之路上，她用自己的努力和奋斗为“巴蒂米澜”这个品牌，留下了一抹不一样的色彩。

在对理想的追求中，我们肯定会受到各种现实情况的阻碍。但是有阻碍不代表你要认输，相反，你要拿出更强的奋斗精神。如果你能坚持到底，那么你一定会成功的。

其实，我们每一个人的天赋都差不了多少，但现实情况却是人与人之间天差地别。有的人在现实面前止步不前，有的人却千方百计赶超现实。前者是妥协者，后者是奋斗者，前者是万千普通人中的一员，后者是站在制高点的少数人之一。后者得以如此，不在于他们有聪明的头脑和伶俐的嘴皮子，而在于他们始终有一颗奋斗之心。

我认识一位老板莫飞，他大学毕业时找了很长时间也没找到合适的工作，心情非常低落。有一天，天上下起小雨，也许是想要让自己受一番雨水的洗礼，他漫无目的地走上了一段乡间小路。

莫飞来到一座土窑前，看到一位烧窑的老人，眼睛都不眨一下，就抡起铁棍将眼前刚出炉的瓦罐全部打碎。

莫飞不解，问老人："为什么要将它们都打碎呢？"老人说："没掌握好火候，都有小毛病。"

莫飞惋惜地说："可那已经是你花了很多心血的作品啊！"老人吁出一口气说："那不假，但我相信下一炉会更好。"说这话时，老人有着十二分的自信。

老人再次从头开始，在细雨中，他一点一点地做着泥坯。他那坚决的、成功在握的从容自若，彻底打动了莫飞。是啊，现实残酷又怎样呢，只要奋斗的信心不被打碎，就不愁做不出更让人满意的瓦罐。

就好像看到了雨后初晴的彩虹，莫飞扫净内心的阴霾，背起行囊南下，他下定决心要从现实中蹚出一条路。

几年后，莫飞有了一家不小的公司。

做一个奋斗的人，就应该像莫飞这样，永远保持奋斗的信心，不向现实妥协。如果你妥协了，就会很快沉沦下去，最后忘了你的目标。现实是什么，现实就是一只纸老虎，只要你奋斗，它就会后退。

多奋斗些吧，因为你至少还是能奋斗的，至少未来的你会感谢现在奋斗的你。

让奋斗成为你的一种习惯

一种品质，如果我们将它养成习惯，那它带来的结果就是水到渠成的事。

对于人来说，习惯是一种顽强而巨大的力量，对人的影响尤其深远。习惯是什么，习惯就是一种行为，一种不加思索、神不知鬼不觉要去做的行为。

习惯是后天养成的，也就是说它可以慢慢演变出来。同理，就奋斗来讲，我们既然说奋斗者是幸福的，那奋斗也可以成为我们的一种习惯。

一般来讲，如果一个人反复地将奋斗纳入自己的日常工作和生活之中，奋斗就会不知不觉地变成我们本能的一部分。也就是说，奋斗成了一种习惯。

我现今的成就都是奋斗得来的。这也缘于我早期养成的奋斗习惯。我刚进裁缝店当学徒时就一门心思想要学好这门手艺，因此在同样的学徒中，我是最努力的，也是最刻苦的。这个过程前期比较难熬，强制自己每天都要学习到很晚，要主动去帮师父干很多活。但到后来，这些就都好像成了一个自然的东西，我没有再过多地感觉到辛苦和疲累，反而觉得闲下来了不自在。

这种精神一直伴随着我到深圳做工，在意大利做工，回国创业都这样。因为奋斗已经在我的脑海中根深蒂固了，种在了我精神中，它成了我不由自主的一种习惯。

其实不只是我，我知道很多成功企业家都有奋斗的习惯。

娃哈哈集团的董事长宗庆后，他现在可以说是功成名就了。但作为亿万富翁，他依然奋斗不止。他早上6点多就来到公司，然后在公司一待就是一整天，晚上11点多他才结束手头的工作回家。他基本上没有什么私人时间，回家以后就是睡觉，然后第二天再重复前一天的时间循环。

这些卓越人士一旦养成了奋斗的习惯，就不管年龄与身份，一如既往地始终处于奋斗之中。相信，我们这些还在追求成功与幸福路上的人，更是应该如此。

也许你认为养成奋斗的习惯很难。其实不然，我觉得你可以制定一个让自己积极行动的训练计划，坚持一段时间，你就会发现自己的变化。

曾国藩被称为“半个圣人”，为了达到自己的理想目标，他给自己制定了一个课程，严格要求自己要长年坚持。他的课程内容包括：持身敬肃；静坐养性；早早起床；读书专一；阅读史书；练习书法；保养真气；爱护身体；不荒废旧技能；每天获取新知识；说话谨慎；夜晚不出门。曾国藩每天都坚持读书、写日记，坚持20多年，直到1872年临去世时还在读书、写日记，坚持到人生的最后一天。

制定一个计划，或者定一个决心，或者做一件事情，一定要让自己坚持下去，不能半途而废，这样才能形成自然的习惯。如果三天打鱼，两天晒网，不但形不成习惯，而且还会白白浪费时间，浪费生命。

当然，奋斗也需要合理地安排时间。我列举了宗庆后、曾国藩等人的奋斗事迹，但我要告诉大家的是，他们是奋斗的能人，也是休息的能人。他们除了将大量时间用于工作以外，也会不定时地抽出时间来休息，以让自己有足够的精力去奋斗。因此，不要误解我说的奋斗的习惯，就是没日没夜地奋斗，而是在合理休息下的奋斗。

英国诗人德莱敦曾说：“首先我们养成习惯，随后习惯养成了我们。”当你养成了奋斗的习惯以后，你就会觉得好像有只神奇的手在指挥着你，让你有力量去搏击风浪。

幸福是上天对奋斗者的恩赐

对于奋斗者而言，上天的回报就是幸福，大幸福。也可以说，幸福就是上天对奋斗者的一种恩赐。

在这个世界上，没有人是能随随便便就获得幸福的。虽然有时候我也会因为一次收入的增加、病体的康复、好友的归来而感到快乐，如果说这是一种幸福，那这种幸福也不是真正经历了风雨的幸福。

真正的幸福只有在奋斗中才能体现出来。因为人生通行的法则是，唯有拼才会赢，唯有搏才会成功。就像苏格拉底说的：“人类的幸福和欢乐在于奋斗，而最有价值的是为理想而奋斗。”

这里我不再介绍名人的奋斗史，说说普通人因为奋斗也会得到幸福的事例。

有一个小城市的快递员，他做快递做到了月薪过万。但是这个高月薪是怎么来的呢？他早上五点半就要起床，然后走街串巷送快递，一直工作到晚上十点半。除了送快递的工作以外，他每天还要卸载、装车、扫描、再装车，就这样日复一日。

也许你要说他的工作太辛苦了，感受不到幸福。可事实却正相反，他是幸福的。他曾经这样对别人说："我在这里工作了10多年，还挺喜欢这里的，因为这里给了我公平的机会。再做一年我就可以回老家的城里买套房了，不用贷款。"

说这些话时他一直在憨笑，从他的憨笑中，我们能真切地感受到他的幸福。

也许，他的理想就是在老家买套房子，给妻儿过更好的生活，为了这个理想，他一直在奋斗，而且有所成就，他就是幸福的。至于那些名人，他们的理想更高远，他们也付出了艰辛的奋斗，他们也是幸福的。

不论理想的大小，只以奋斗而论，只要奋斗，就会有幸福感洋溢其中。

有学生问我，人生的意义是什么。我这样告诉他们："人生的意义就是为了自己的理想去努力拼搏。"

九层之台，起于累土。要想让理想变成现实，就不能空想，必须一步一个脚印，脚踏实地而行。靠山山会倒，靠水水会干，靠人人会跑，不要总是抱着别人给你搭桥铺路，那是不现实的。最好的方法就是自己去奋斗。如果总是想着依赖别人，那样的幸福就会像泡沫，当别人不再向你伸出援助之手时，你的幸福也会随风而去。

可能有的人会说，我就是奋斗了也不一定会实现理想啊。但是你又是否知道，如果你不去尝试，又怎么知道它能不能实现呢？奋斗了，不论结局怎么样，都不会是一无所获，你会在奋斗中汲取到无数的知识和经验，这不也是幸福的事吗？

只有奋斗过的人才有资格说幸与不幸，也只有真正奋斗过的人，才能感觉得到幸福。因为幸福，终归是要自己去争取的。

走得再远，也不忘初心

俗话说：“永葆初心，方得始终。”所谓初心，就是我们奋斗开始时的心意，永葆初心，就是要永远保持这种心意，而不是在奋斗的过程中偏离了最初的方向。例如，你原来是想要成就人的，现在变成了凡事都为自己着想，你就没有保持你的初心。

现在，我的企业已经在业界有了很好的口碑，但在这个成就的背后，我永远记得，我的初心就是帮助更多的人穿上更好的、更合身的衣服，这是我的初心，即便在未来，我取得了比这更高的成就，我也不会忘记它。

永葆初心，当然这个初心必须要是正直的，例如善良、诚实、守信、成就更多的人。有了这个初心，那就不管面临多大的诱惑也不能放弃它，这样才能得到始终。就像纪伯伦说的：“不要因为走得太远而忘记了当初自己为什么出发。”

可是现实生活中没有保住初心的也大有人在。比如有的人做企业，一开始有着很好的初心，但后来随着时间的推移，他们的焦点却慢慢放在了怎么赚取更多的利润上面。为了追求利润的最大化，他们甚至可以做出损害消费者利益的事。这样做虽然可以让他们获取一时的高利，但随后就会被消费者抛弃，甚至是因为做了不合格的产品而被查处。那他们能得到最后的幸福吗？显然不能。

这里有一个很好的例子。

惠普是一家声名显赫的企业。戴维·卡帕德和比尔·休利特创立惠普时曾把“低调谦逊、勤劳正直、合作互爱”当作惠普的发展之道，也正是在这个初心的指引下，惠普创造了一系列改变世界的成功产品，例如个人PC、激光打印机，它也创造了一种强调员工高道德标准的管理体系。

但在20世纪末，惠普的董事会却忘记了这份初心，变得利欲熏心，结果导致惠普乱象丛生，稍有不如意就更换CEO，结果惠普一落千丈。曾经，惠普可说是比IBM还强的公司，可如今它的市值还不到IBM的1/4。

正如惠普前CEO卡莉·菲奥莉娜说的那样：“惠普为什么走下坡路，就是因为惠普把自身利益放在了重要的位置，丢失了最原始的初心。”

企业如人，人如企业。无论是做人还是做企业，我们都应该保持住自己的初心。

首先，我们的初心就要是正能量的。我们的理想，我们做事的目的，都应该把帮助别人放在首位，然后才是自己的利益。如果你只想着给自己谋取私欲，那就难免会被诱惑撞歪方向。同样，那样的你也是走不远的。只有为别人、为社会创造了更多的价值，我们才能最大化地展示自己，就像稻盛和夫说的那样“自利则生，利他则久”。

其次是要永葆初心。在奋斗的过程中，不管你身处波峰还是低谷，你都要守住自己的初心，不叫一分偏移。有的人一有了成就，就忘乎所以，这肯定是无法守住初心的。只有不把得失放在心上，才能真的保持初心，使幸福跟随。当你真的取得了成就的时候，不妨停下来想一想，我有没有守住自己的初心，如果没有，那就赶紧调整自己，让自己始终保持在初心的方向上。

2008年的时候，金庸88岁，还提出想到北大读读本科，以补自己国学的不足。当时，北大的校长许智宏对他说：“您应该读北大国学研究院的博士。”2009年，金庸真的投到北大袁行霈教授门下，面对困惑，金庸说：“吾生有涯，学而无涯。初心让我学会清零，像一个新生儿般永远充满好奇。”

有着如此高成就的金庸能够永远地保持住自己的初心。我们也应该像他一样，不忘初心，始终奋斗向上。

生命在，幸福就在

我们每一个人都想要幸福，几乎没有人不愿意让自己幸福的。前面我们已经说了很多，幸福是奋斗出来的，但是奋斗的基础是什么？是我们的生命。

只要我们活着，我们就能奋斗，就能得到幸福。也就是说：生命在，幸福就在。

人生最宝贵的可以说就是生命了。老天给了我们每个人生命，我们就应该把这个生命照看好，把这颗心安顿好。这样我们才有了幸福的前提。

但是，生命又是脆弱的。我们每天都可能遭遇各种各样的不测，成为被生命抛弃的人。而你和我，都还活在这个世界上，这本身就是一种幸事。

还有很重要的一点，就是让生命保持在健康的状态。

马克思的父亲曾给他写过一封信，那时马克思还在读大学。信中有这样的话："用丰富而有益的食物来滋养你的智慧的时候，别忘了，在这个世界上，身体是智慧的永恒伴侣，整个机器的运转状况都取决于它。一个体弱多病的学者是世界上最不幸的人。因此，希望你用功学习，但不要超出你健康容忍的限度。此外，你要每天坚持运动，生活要有规律，有节制。我希望，每次拥抱你的时候都会看到一个身心健康的你。祝你健康!"

我国儒家学派的创始人孔子业绩非凡，他的奋斗历程不需我多说。但在百忙之中，孔子也没忘记对自己生命的注重。

孔子在教学中，主张学生应该学习"六艺"。所谓的"六艺"，就是礼、乐、射、御、书、数，即礼节、音乐、射箭、驾车、书法和算数。可以看出，他的教学宗旨已经包含了"德、智、体、美"等内容。

孔子经常会和学生一起骑马、射箭、习武、游泳，还经常会和弟子们一起外出郊游。我曾经到过泰山，还看到过一块石碑，写着"孔子登临处"几个字，这说明孔子是很重视锻炼的。因此，古籍中才说孔子"趋进，翼如也"。

奋斗不分年龄，不分阶层，只要我们存活于世，都是可以奋斗的。只不过，关注生命健康才更有资本奋斗。就像一句阿拉伯的谚语所说："有健康的人，便有希望；有希望的人，便有了一切。"

所以，要想奋斗，健康是基础。有健康才有未来，而健康是能追到的，只要你愿意，你就能得到它。

如何来追寻健康呢？首先，不要太过于看重利益，因为这会对你形成过大的压力，迫使你去做超负荷的工作，这对你的心理健康也有负面的影响，应该顺其自然。

其次，要节制你的欲望。个人的力量是有限的，但一个人的欲望却是无穷的，这种统一的矛盾体常常让人感到人生中遭遇的不如意之事太多太多，而可以掌控的事情太少太少。这个时候，一旦被欲望锁住自己，便会感到非常苦闷、不满或者烦躁，最终伤人伤己。

还有就是你要经常活动筋骨。正所谓“活动活动，要活就要动”，你可依据个人的体能、时间、场所，做各种不同的运动，不要说你太忙，这不是理由。当然，身体检查也很重要，这是“定期维修”，提早发现问题才可以避免形成更大的问题。

奋斗无止境，幸福无止境

要说奋斗，其实我们永远都在路上。

不要说奋斗是有尽头的，即便那些功成名就的人也不会那样说。他们越过了一个高山，马上就会想方设法地让自己越过更高的山，他们一直走在奋斗的路上。

幸福的法则也是一样，要想一直幸福，你就必须一直奋斗。一个理想实现了，就不应该是你的终点，而是你新的起点。

一位武学高手在一场典礼中跪在他的导师面前，准备要接受一条来之不易的黑带。为了这条黑带，他拼命奋斗，武功也不断精进，他认为，他可以在武学天地里出人头地了。

临颁给黑带时，高手的导师跟他说："在你接受这条黑带前，你还需要接受一个考验。"

"我准备好了。"武学高手回答，他满以为导师还会给他安排一场武术考试。

可是导师没有，他问了武学高手一个问题：“现在请你回答我，黑带的真义是什么？”

武学高手想了想，回答导师说：“是我辛苦练功应该得到的奖励。”

导师有点愠怒，他看了看武学高手，将黑带收了起来：“你还不够资格领取这条黑带，一年以后再来吧。”

一年以后，武学高手再一次跪在导师面前。导师问了他同样的问题。

“是本门武学中杰出和最高成就的象征。”

导师仍不满意，他对武学高手说：“明年你再来吧。”

又一年后，武学高手再次跪在导师面前，这次他的回答是：“黑带代表开始，代表奋斗和追求更高标准的历程的起点。”

导师欣慰地笑了：“好，你已经具备了领取这条黑带的资格，你可以继续开始奋斗了。”

奋斗无止境，幸福无止境。迎接新的挑战才是你的幸福使命，就像这个武学高手一样。如果取得了一个成绩就原地踏步的话，那你就等于是在画地为牢，只能让自己无限的潜能化为有限的成就，同时它还会削弱你的天赋。

可以说，这是一个不断变革的社会，一不小心我们就会跟不上时代，这更加促使我们要奋斗不止。无论之前是胜利还是失败，我们都不能磨灭了奋斗之志，如果没有这种奋斗之志，我们很可能马上就会从高处跌入谷底。

不要去想象未来还有多少挑战，你只需要坚持奋斗就够了。因为这样的想象会让你变得怯懦，慢慢消耗掉你奋斗的勇气。奋斗，要的是你有一颗无畏之心，这颗心会让你迎接一切挑战，冲破所有的阻碍。

美国著名的政治家约翰·卡尔霍恩年轻时在耶鲁大学就读。当时，他虽然家境贫困，但却一直废寝忘食、勤奋学习。

他的一些同学见到后，常常以此讥讽他。但约翰·卡尔霍恩不为所动，他回答说："这有什么奇怪的，我现在必须要努力奋斗，这样我以后才能在国会里有所作为。"

当时，约翰·卡尔霍恩还仅是一介书生，在国会参政是"远在天边"的事。那些同学听了他的这番话也是报以大笑。可约翰·卡尔霍恩并不理睬，他只是一如既往地奋斗着，他相信只要他有奋斗的决心，他就一定能成为国会议员。结果，仅仅3年以后，他的这股奋斗精神就回报了他，他参加竞选顺利地进入了国会。

参政以后，他也一直勤勉，兢兢业业，后来他甚至做到了国务卿的高位。在2000年，他还被评为美国历史上"最伟大的七人"之一。

所以，我们有生之年，都要奋斗不止，不让自己有一丝停歇。即便是取得了一些成就，也不是终结，而是开始，你提升了一点，也不是要你满足，而是要你继续超越。唯有如此，你才能感受到更高级的幸福，更强烈的幸福。